Harald Schäfer | Burkhard Schäfer
Business-Rhetorik für Berufseinsteiger

Harald Schäfer, Burkhard Schäfer

Business-Rhetorik für Berufseinsteiger

mit Selbsttests (S. 13 und S. 143) und zahlreichen Übungen

UVK Verlagsgesellschaft mbH · Konstanz · München

Grundstein dieses Buches sind die Manuskripte der Seminare für Business-Rhetorik an der Universität Mannheim von den Autoren Dr. Harald Schäfer und Dr. Burkhard Schäfer.

Besonderen Dank möchten wir Frau Sara Bauer aussprechen, da sie die große Mühe auf sich genommen hat, das Buch zu überarbeiten und mit ihren Verbesserungen zu bereichern. Außerdem danken wir allen Mitarbeitern des Instituts, die an der Entwicklung des Buches in irgendeiner Form beteiligt waren.

Bibliografische Information der Deutschen Bibliothek
Die Deutsche Bibliothek verzeichnet diese Publikation in der Deutschen Nationalbibliografie; detaillierte bibliografische Daten sind im Internet über <http://dnb.ddb.de> abrufbar.

Lektorat: Rainer Berger
Einbandgestaltung: Atelier Reichert, Stuttgart
Einbandmotiv und Kapiteleinstiegsbilder: © Serg Nvns · Fotolia.com
Fotografien im Buch: © Luminita Cuciuc, Tom Styler Photographer
Druck und Bindung: Printed in Germany

UVK Verlagsgesellschaft mbH
Schützenstr. 24 · 78462 Konstanz
Tel. 07531-9053-0 · Fax 07531-9053-98
www.uvk.de

ISBN 978-3-86764-552-2

Was Sie vorher wissen sollten

In den letzten Jahren haben Sie in der Schule oder an der Hochschule viel gelernt und sicher auch das ein oder andere Referat gehalten. Der Job wird Sie nun allerdings vor neue rhetorische Herausforderungen stellen, die Sie mithilfe dieses Buches meistern. Dazu zählen

- der Vortrag,
- das direkte Gespräch – zum Beispiel mit dem Vorgesetzten,
- das Kunden- und Verkaufsgespräch sowie
- die Verhandlung – zum Beispiel mit Dienstleistern.

Sie werden rasch bemerken, dass jede der genannten Kommunikationssituationen Besonderheiten aufweist. Wir verraten Ihnen, welche das sind und wie Sie in diesen Situationen brillieren – ganz unabhängig davon, welcher Rednertyp Sie sind. Schließlich gibt es nicht nur eloquente, sondern auch schüchterne oder distanzierte Redner. Ein kurzer * Test auf den folgenden Seiten verrät Ihnen, zu welchem Rednertyp Sie zählen. Ganz unabhängig, wie das Ergebnis ausfällt, denken Sie stets daran, jeder der genannten Rednertypen hat Stärken und Schwächen, die er kennen sollte.

Nun wünschen wir Ihnen eine aufschlussreiche Lektüre. Im Text sind übrigens einige

✱ Gut zu wissen!-Boxen

hervorgehoben, die Ihnen Hintergrundinformationen vermitteln. Zudem finden Sie

Üben Sie!-Boxen und

Checklisten

mit vielen wertvollen Tipps für Ihre Vorbereitung.

Die Ansprache der Leserin und des Lesers

Im Buch ist von ›dem Redner‹ und ›dem Zuhörer‹ die Rede. Diese männliche Formulierung dient der Vereinfachung und schließt auch die Leserinnen mit ein.

Inhalt

■ Selbsttest: Welcher Rednertyp bin ich?

Hat Sie schon einmal ein Redner in seinen Bann gezogen? Haben Sie sich damals gefragt, weshalb das so war? Ohne Frage: Es gibt charismatische und talentierte Redner, die ihr Publikum – scheinbar mühelos – fesseln. Ihnen sollte allerdings klar sein; hinter jeder guten Rede steckt auch ein gutes Stück Arbeit:

Denn Redner beobachten sich stets selbst, sie bauen ein Bewusstsein über ihre eigenen Stärken und Schwächen auf. Sie kennen ihre Ziele und ihre eigene Vorgehensweise genau. Sie sind kritisch und suchen ständig nach Optimierungspotenzialen. Zudem kennen sie ihre eigenen Absichten. Sie wissen also, was sie durch die Rede erreichen möchten und welche Mittel ihnen zur Verfügung stehen.

Gute Redner unterschätzen sich nicht. Sie neigen allerdings auch nicht zur Überschätzung. Sie machen sich Gedanken über das relevante Publikum, die Reaktionen und ihren Auftritt. Bei mehreren Zuhörern identifizieren sie schnell den schwierigsten und „knacken“

ihn. Gerade in Stresssituationen bewahren sie einen kühlen Kopf und haben einen Plan B („was tun, wenn ... passiert") in der Hinterhand.

Sie legen vor der Rede ein Konzept fest, spielen es durch und optimieren es mehrmals. Redner sind kompetent: Sie sammeln ständig Wissen und Erfahrungen. Sie verknüpfen Gedanken und suchen nach Beispielen, die sie wirkungsvoll in ihre Rede einflechten können.

Gute Redner verleugnen nicht ihre Eigenarten, sondern machen selbst Schwächen zu ihren Stärken.

Aber: Es gibt keinen goldenen Weg zur guten Rede, nach dem Motto *one size fits all*. Jede gewählte Maßnahme muss zum Redner, seiner Persönlichkeit und seinen Fähigkeiten passen. Nur wenn er darauf achtet, zieht er das Publikum in seinen Bann.

Bevor Sie in das Buch einsteigen, sollten Sie deswegen wissen, was für ein Rednertyp Sie sind. Die folgenden drei Fragen helfen Ihnen dabei, sich selbst einzuschätzen. Die unterschiedlichen Rednertypen lassen sich einteilen in

- Schüchterne,
- Distanzierte,
- Überlegene,
- Mitteilungsfreudige und
- Theatralische.

Zu welcher Gruppe gehören Sie? Testen Sie sich ...

✱ Testen Sie sich!

Frage 1 | Welche der folgenden Aussagen könnte von Ihnen stammen?

a. „Ich freue mich auf den Vortrag! Es macht mir Freude, vor anderen Menschen zu sprechen und sie an meinem Wissen teilhaben zu lassen! Das ist ein tolles Gefühl!“

b. „Immer wenn ich alleine vor Publikum stehen muss, bin ich so nervös, dass es mir jeden Vortrag ruiniert.“

c. „Die Bühne ist mein Zuhause! Ich liebe das Rampenlicht!“

d. „Ich würde viel lieber schreiben und meine Arbeit veröffentlichen, als diese vor Publikum zu präsentieren.“

e. „Vorträge assoziiere ich mit Zeitverschwendung. Entweder versteht das Publikum nicht, wovon ich spreche oder es interessiert sich erst gar nicht dafür. Wieso sollte ich dafür meine kostbare Zeit opfern.“

Frage 2 | Ihre Stärken. Welche dieser Begriffe beschreiben Sie?

a. Offenheit. Lebendigkeit. Vielseitigkeit.

b. Zurückhaltung. Liebenswürdigkeit. Menschlichkeit.

c. Emotion. Energie. Improvisation.

d. Höflichkeit. Gelassenheit. Selbstbewusstsein.

e. Selbstsicherheit. Souveränität. Führungsstärke.

Frage 3 | Nun zu Ihren Schwächen. Wo sehen Sie bei sich selbst Probleme oder „Baustellen“? Wählen Sie die Aussagen, mit denen Sie sich identifizieren.

a. „Meistens überziehe ich die vorgegebene Zeit des Vortrags oder muss zum Schluss wichtige Punkte überspringen, um rechtzeitig fertig zu werden.“

b. „Ich zweifle zu sehr an mir selbst, als dass ich einen guten Vortrag halten könnte. Wie soll ich andere überzeugen, wenn ich selbst unsicher bin?“

c. „Ich steigere mich manchmal so in meine Selbstdarstellung hinein, dass ich den Inhalt vernachlässige. Später fällt mir dann auf, dass ich vergessen habe, bestimmte Punkte zu thematisieren.“

d. „Ich habe oft das Gefühl, dass ich das Publikum nicht erreiche und mein Vortrag nicht die gewünschte Wirkung erzielt.“

e. „Große Schwächen sehe ich bei mir gar nicht. Es ist ja nicht meine Schuld, wenn manchem Zuhörer mein Vortrag nicht gefallen sollte.“

✱ Auswertung

a = der Mitteilungsfreudige | b = der Schüchterne | c = der Theatralische | d = der Distanzierte | e = der Überlegene

Führten alle drei Fragen zum gleichen Ergebnis? Falls ja, dann sind sie klar einem Rednertyp zuzuordnen. Es ist allerdings auch möglich, dass Sie mehreren Rednertypen zuzuordnen sind. Das ist kein Problem. Ganz im Gegenteil: Eine Mischform der verschiedenen Rednertypen ist die beste Voraussetzung für einen gelungenen Vortrag.

Der Schüchterne

Der Schüchterne leidet unter Lampenfieber (Auftrittsangst) und Selbstzweifel. Er muss daran arbeiten, seine Nervosität in den Griff zu bekommen und sympathisch aufzutreten. Es gibt zahlreiche Maßnahmen, um diese lästige Nervosität aktiv zu bekämpfen. Unter anderem der *sichere Einstieg*.

Um einen sicheren Einstieg zu gewährleisten, ist es sinnvoll, die ersten Zeilen des Vortrags 1:1 auswendig zu lernen. Denn wenn der Schüchterne die ersten Minuten reibungslos überstanden hat, folgt ganz automatisch ein Redefluss. Ebenso hilft ihm das Plaudern mit den Zuschauern im Vorfeld dabei, locker zu werden und gleichsam den Zugang zum Publikum zu finden.

Da es zu den Grundlagen von Vorträgen gehört, immer Blickkontakt mit dem Publikum zu halten, bietet es sich für den Schüchternen an, sich freundliche und interessierte Gesichter zu suchen, die bei ihm ein positives, sicheres Gefühl erzeugen („Es ist wirklich jemand im Publikum, der sich dafür interessiert, was ich hier mache!“).

Der Schüchterne läuft eigentlich nicht Gefahr, aalglatt zu wirken, und sollte dies auch nie versuchen. Er sollte allerdings auch nicht einfach sein Programm abspulen, sondern seine Zurückhaltung nutzen, um liebenswürdig zu wirken.

* Der schüchterne Rednertyp wirkt unsicher.

Der Distanzierte

Der Distanzierte zeichnet sich oft durch besondere Höflichkeit aus. Bei Vorträgen läuft er indessen Gefahr, am Publikum *vorbeizureden*. Die kühle Distanz steigert die Hemmschwelle des Publikums, die Vortragsinhalte durch Fragen anzuzweifeln oder zu kritisieren. Das verschafft ihm einen Vorteil. Besonders dann, wenn er sich zu wenig mit dem Thema auseinandergesetzt hat. Distanzierte Menschen wirken auf Dritte häufig selbstbewusster und kompetenter.

* Der distanzierte Rednertyp wirkt unnahbar.

Einen reinen Faktenvortrag kann er mühelos auf seine Art und Weise bewältigen, ansonsten sollte er die Distanz zum Publikum aufbrechen. Genau hier sollte er allerdings vorsichtig sein. Er darf die Nähe zum Publikum nicht übertrieben suchen, dies kann als Anbiederei interpretiert werden. Eine wohldosierte Distanz wirkt auf das Publikum nicht per se aufdringlich und ist so für viele Zuhörer sogar angenehm.

Nähe kann der Distanzierte unter anderem durch Verständnisfragen und Blickkontakt herstellen. Und natürlich durch den Vortrag selbst, indem er das Publikum in seine Rede miteinbezieht. Er sollte seine Zuhörer stets direkt ansprechen – *ihr* und *wir* statt *man*.

Der Überlegene

Beim überlegenen Rednertyp sollten verschiedene Ausprägungen unterschieden werden: Der *tatsächlich* Überlegene ist ein Siegertyp, der in besonderem Maße begabt ist, dadurch tatsächlich überlegen und nicht einfach nur prahlerisch wie der überlegene Sprücheklopfer, der seine Kompetenz und sein Wissen nur vortäuscht. Der *unsichere* Überlegene hingegen nutzt dieses Vortäuschen zum Selbstschutz. Aus Angst vor Kritik und unangenehmen Situationen versteckt er sich hinter einer Fassade von Selbstsicherheit.
Der Überlegene agiert oft mit Herrschaftsgesten und versetzt das Publikum zurück in die Schulzeit, er inszeniert ein Lehrer-Schüler-Verhältnis. Hier ist Vorsicht geboten, denn ein Publikum auf Augenhöhe legt dies schnell als Arroganz aus. Außerdem kann es dem Überlegenen passieren, dass er gelangweilt wirkt und auf diese Weise die Aufmerksamkeit des Publikums verliert.

Um dies zu vermeiden, kann er eine Sprechpause für ein Lächeln ins Publikum nutzen. So kann er einen Draht zu den Zuhörern aufbauen. Durch Blickkontakt – nicht nur zu einer Person, sondern in die Runde – bleibt dieser Draht und somit die Aufmerksamkeit des Publikums bestehen.

* Der überlegene Rednertyp wirkt überheblich.

Der Mitteilungsfreudige

Der Mitteilungsfreudige tritt in zwei Gestalten auf: zum einen der kommunikative, der den Dialog mit dem Publikum sucht und sich mit den Anregungen des Publikums auseinandersetzt und mit dem Publikum *spielt*. Zum anderen der rein Mitteilungsfreudige, der

schnell in einen Monolog verfällt und damit diesen intensiven Kontakt zum Publikum verspielt.
Beide schweifen leicht ab und verlieren häufig Anlass und Ziel aus den Augen. Ein genauer Plan über die zu vermittelnden Inhalte und die verfügbare Zeit können dem Mitteilungsfreudigen helfen.
Bereits in der Vortragsvorbereitung sollte er deshalb sein Augenmerk auf die Zeit legen und während der Proben – und je nach Vorliebe auch während des Vortrags – die Uhr immer im Blick haben. Außerdem bietet es sich für den Mitteilungsfreudigen an, den Vortrag in *Kontrollabschnitte* zu unterteilen. So bekommt er ein Gefühl, nach wie viel Minuten er bei welchem Themenabschnitt angekommen sein sollte, und kann entspannt auch mal ein Intermezzo mit dem Publikum einlegen.

* Der mitteilungsfreudige Rednertyp strahlt Offenheit aus.

Der Theatralische

Mit unvorhergesehenen Situationen geht der Theatralische spielerisch um und lockert seinen Vortrag damit auf. Sein lockeres Auftreten wirkt besonders authentisch, wodurch es ihm gelingt, das Publikum mitzunehmen und zu unterhalten.
Der Theatralische läuft ähnlich wie der Mitteilungsfreudige Gefahr, das eigentliche Thema aus den Augen zu verlieren, und kann auch unsympathisch wirken: Emotionen in Maßen sind gut für einen Vortrag, sie halten das Publikum wach und verhindern Monotonie. Nur sollte der Redner sich im Klaren darüber sein, welche Art von Rede er hält und wie viel Emotion angebracht ist. Bei einer politischen Wahlkampfrede mag die Regel *„So viele Emotionen wie nur möglich“* gelten, bei einem Fachvortrag über Osteoporose würde dies wohl das Publikum eher verstören.

■ Der Vortrag

➊ Die Vor-Vorbereitung

Ein Vortrag besteht immer aus drei Etappen, die Sie als Redner berücksichtigen müssen: die Vorbereitung, die Durchführung und die Nachbereitung. Jede der genannten Etappen ist wichtig, legen Sie das Hauptaugenmerk also nicht ausschließlich auf die Durchführung.

Bevor Sie allerdings mit der Vorbereitung beginnen, sollten Sie etwas Zeit in die *Vor-Vorbereitung* investieren, denn sie dient als Fundament einer jeden Rede – unabhängig davon, ob es sich dabei um ein Gespräch mit dem Vorgesetzten oder um einen Vortrag vor einem großen Publikum handelt.

Wir möchten Sie auf die folgenden Punkte explizit aufmerksam machen:

- Reagieren Sie auf Probleme sensitiv!
- Assoziieren Sie!

- Improvisieren Sie!
- Achten Sie auf Aussprache und Atmung!
- Setzen Sie Ihre Körpersprache ein!

Reagieren Sie auf Probleme sensitiv

Als Redner müssen Sie *problemsensitiv* sein. Folglich müssen Sie den Alltag Ihres Publikums kennen und sogar *sezieren*. Nur so erkennen Sie die Probleme, die Ihre Zuhörer beschäftigen, und können Lösungen aufzeigen. Wichtig ist in diesem Zusammenhang die sogenannte *Ambiguitätstoleranz*. Vereinfacht ausgedrückt: Tolerieren Sie Widersprüchlichkeiten, auch wenn diese gravierend sind (zum Beispiel in einem Unternehmen: Kostensenkungsdruck des Managements und hohe Gehaltsforderungen der Belegschaft), denn als Redner ist es Ihre Aufgabe, Vermittler zu sein, das Bindeglied zwischen den Fronten.

Fehlende Ambiguitätstoleranz führt bei Rednern zu Stress und Unbehagen. Die Folge ist eine *lineare Denkweise* gepaart mit dem Wunsch, das Thema schnell abzuschließen. Das Ergebnis ist dann für alle Seiten unbefriedigend.

Ambiguitätstoleranz können Sie erlernen und trainieren. Voraussetzung ist eine Reife (*Ich-Stärke*). Schließlich müssen Sie in Konflikten gelassen bleiben und die Chancen erkennen, die sich aus Widersprüchen ergeben. Ambiguitätstoleranz bauen Sie durch *Learning by Doing* auf – indem Sie sich in Ihrem Alltag bewusst

Widersprüchen aussetzen. Durch *Assessment-Center* können Sie mithilfe von Fallstudien entsprechende Situationen auch simulieren und die Ambiguitätstoleranz systematisch trainieren. Der Aufwand lohnt sich, denn in der Folge behalten Sie auch bei Konflikten die Ruhe. Sie flüchten sich nicht in den schnellen Abschluss, sondern differenzieren und lösen den Konflikt auf.

Bei der Konfliktlösung lassen sich drei Varianten unterscheiden:

- Bei der goldenen Mitte werden jeweils 50 Prozent der divergierenden Interessen durchgesetzt. Eine sehr einfache Herangehensweise, jedoch im Gesamtkontext meist nicht zielführend.
- Die ausgewogene Vereinbarung lässt jeweils so viel der beiden Interessen zu, wie es für das Gesamtziel förderlich ist. Dieses Konzept erfordert von Ihnen als Redner gute Argumente, da Sie unter Umständen die Seite, die sich in geringerem Maß durchgesetzt hat, überzeugen müssen.
- Die einseitige Integration erfordert von Ihnen ein Höchstmaß an Argumentationsgeschick, da die Interessen einer Seite vollständig umgesetzt, die der anderen hingegen komplett vernachlässigt werden.

Assoziieren Sie!

Als Redner müssen Sie verknüpfen oder, anders ausgedrückt, assoziieren können. Ein trainierter Geist mit einem großen Wissensfundus kann einfach und spontan assoziieren. Assoziationen können emotional (z.B. Trauer: „... unsere Wirtschaftslage ist genauso ein Elend wie ...“) oder kognitiv („Wir stehen schlechter da, als Konkurrent ..., der letztes Jahr Insolvenz anmelden musste.“) sein.

Üben Sie!

Das Assoziieren können Sie durch den Assoziationskreis trainieren. Bei diesem Spiel bilden alle Teilnehmer einen Kreis. Einer im Kreis sagt ein Wort zu seinem Nachbarn (z.B. Auto). Dieser assoziiert zu diesem Begriff ein neues Wort (z.B. Straße) und sagt dies dem nächsten Spieler, der wiederum weiter assoziiert (z.B. Stau) usw. Wichtig ist, dass die Spieler einen Rhythmus finden und ein Fluss von Begrifflichkeiten, ein sogenannter Flow, entsteht. Mit einer gewissen Geschwindigkeit fällt es übrigens immer leichter zu assoziieren. Wichtig ist lediglich, dass immer das zuletzt genannte Wort assoziiert wird und kein Wort, das schon einige Runden zuvor genannt wurde. Denkt ein Spieler zu lange nach, kommt der Nächste dran.

Improvisieren Sie!

Als Redner können Sie nicht jedes Wort vom Blatt ablesen, Sie müssen *frei* sprechen. Folglich ist eine Rede – auch wenn Sie diese mehrmals halten – nie eins zu eins identisch, denn Sie improvisieren manchmal mehr und manchmal weniger. Die Fähigkeit der Improvisation gibt Ihnen bei jeder Rede Sicherheit. Das ist außerordentlich wichtig, denn bei häufigem Verhaspeln oder Stottern verlieren Sie nicht nur den roten Faden durch Ihr Thema, sondern auch Ihre Zuhörer.

Üben Sie!

Um Improvisation zu üben, können Sie in der Vorbereitung ein Wort aus Ihrem Vortrag auswählen und spontan zwei Minuten darüber sprechen. Danach analysieren Sie das Gesprochene und decken etwaige Fehler auf. Zweck dieser Übung ist es, Spontanität und Improvisation zu trainieren. Beides sind für Redner unerlässliche Fähigkeiten. Denn nur wenn Sie Ihr Publikum emotional und kognitiv ansprechen, können Sie es aktivieren und selbst bei aufgeheizter Stimmung spontan reagieren.

Achten Sie auf Aussprache und Atmung

Keine Frage, bei jeder Rede spielt die Aussprache des Redners eine besonders wichtige Rolle. Deswegen sollten Sie auf die Aussprache und damit verbunden auch auf das Sprechtempo und die Atmung besonders achten.

Üben Sie!

Wiederholen Sie das Wort *Karotte* mit veränderten Vokalen immer wieder (*Karotte – Korotte – Kirotte – …*), bis Sie alle Vokal-Varianten benutzt haben. Ihr Oberkörper schwingt dabei rhythmisch zu den einzelnen Kombinationen auf und ab. Diese Übung hilft Ihnen dabei, das Sprechtempo zu regulieren, sodass Sie eine zu schnelle und damit unverständliche oder zu langsame und damit einschläfernde Redeweise vermeiden. Beides blockiert die Aufnahmefähigkeit Ihres Zuhörers.

In eine ähnliche Richtung zielt eine weitere Übung, für die Sie lediglich einen Luftballon benötigen, um Ihren Sprechrhythmus zu trainieren. Der Luftballon wird zwischen zwei Zeigefingern auf- und abgestoßen, wobei bei jedem Schwingen des Ballons Wörter gesprochen werden, die Ihnen in den Sinn kommen.

Lernen Sie Ihre Körpersprache kennen

Sie kommunizieren in einem Vortrag aber auch in einem persönlichen Gespräch niemals ausschließlich *verbal* (mit Worten), sondern auch *nonverbal* (ohne Worte). Bevor Sie das erste Wort sprechen, kommunizieren Sie bereits nonverbal, zum Beispiel durch Ihre Mimik (ein Lächeln) oder Ihre Körperhaltung (gesenkte Schultern). Unterschätzen Sie die nonverbale Kommunikation nicht: oft bildet sich Ihr Gegenüber dadurch eine erste Meinung über Sie.

Durch Ihre Körpersprache können Sie Ihr Publikum übrigens *physisch aktivieren* und darüber hinaus wirken Sie eindringlicher auf Ihre Zuhörer. Aber Vorsicht: Setzen Sie die nonverbale Kommunikation dosiert ein und vermeiden Sie ein sogenanntes *Overacting*, also einen übertriebenen Einsatz der Körpersprache.

* Die nonverbale Kommunikation ist wirkungsvoll: hier zeigt eine Geste, dass etwas Wertvolles gehalten und geschützt wird.

Üben Sie!

Lesen Sie einen Text und formen Sie zu den Schlüsselbegriffen jeweils eine passende Geste. Sie werden rasch bemerken, dass die gewählte Geste *kompatibel* oder *inkompatibel* zu den Begriffen sein kann.

Nur durch eine kompatible Geste unterstreichen Sie das Gesagte. Beispiele: Wenn Sie „Da packt mich die Wut" sagen und dabei die Fäuste ballen, sind Aussage und Geste kompatibel. Gleiches gilt für Aufzählungen in Form von „erstens ..., zweites ..., drittens ...", die Sie durch das Mitzählen mit den Fingern unterstreichen. Inkompatibel hingegen ist es, die Aussage „Wir müssen näher zusammenrücken" mit auseinandergehenden Händen zu unterlegen.

❷ Die Vorbereitung

In der Vor-Vorbereitung haben Sie wichtige Fähigkeiten kennengelernt, die notwendiges Rüstzeug für jeden Redner sind. In diesem Abschnitt steigen Sie nun in die konkrete Vorbereitung einer Rede ein.

Eine Rede ist Bindeglied zwischen Redner und Zuhörer. Bedenken Sie, dass die Inhalte einer Rede verschiedene *Filter* durchlaufen: Der Redner ruft Informationen aus seinem Gedächtnis ab und gibt sie gefiltert wieder. Der

Zuhörer wiederum hört die Informationen und integriert sie auch gefiltert in seine vorhandene Wissensstruktur.

Damit es bei diesem Durchfluss über die beiden Kanäle nicht zu Verlusten kommt, ist eine *optimale Gestaltung* und *Präsentation* einer Rede unerlässlich. Das bedeutet konkret: Sie müssen vor jeder Rede

- den *Zweck*,
- das *Publikum* und
- die *Länge*

der angestrebten Rede in Erfahrung bringen. In der Folge müssen Sie

- die Aufbau- und Ablaufplanung skizzieren,

um der Rede Struktur zu geben, und mit diesem Wissen müssen Sie schließlich

- eine Vorgliederung

über das sogenannte AIDA-Schema, das Sie später noch genauer kennenlernen werden, erstellen und schließlich

- das Manuskript gestalten.

Letzteres sollte während des Vortrags nur Orientierungshilfe sein. Abschließend müssen Sie verwendete

- Texte, Graphiken und Diagramme gestalten.

Den Ablauf der Redefolge kennen

Bevor Sie in die oben genannte Planung einsteigen, müssen Sie wissen, wer vor Ihnen und wer nach Ihnen spricht, welche Argumentationsziele diese Redner haben und welche Argumentationstaktik sie anwenden. Sollten mehrere Personen sprechen, handelt es sich um eine *Vortragsreihe*. Sie unterteilt sich im einfachsten Fall in

- die Eröffnungsrede,
- die Hauptrede und
- das Schlusswort.

Die *Eröffnungsrede* dient der Begrüßung, dem kurzen Umreißen von Thema, Ablauf und Ziel. Wichtig: Der Eröffnungsredner darf auf keinen Fall dem Hauptredner die Show stehlen. Deshalb sollte eine Eröffnungsrede kurz und relativ neutral gehalten sein. Die *Hauptrede* dient dann der Darstellung eines Sachverhalts und dem Vermitteln der Detailinformationen, wobei deren Länge und Komplexität auf das Publikum abgestimmt werden muss. Das *Schlusswort* beinhaltet eine kurze und prägnante Zusammenfassung der Hauptrede und resümiert die Kernaussagen.

Das Argumentationsziel festlegen

Neben dem Ablauf ist das *Argumentationsziel* wesentlicher Bestandteil der Struktur einer Rede. Eine Rede ohne Argumentationsziel beschreibt nur einen Sachverhalt. Eine solche *deskriptive Rede* bietet den Zuhörern im Vergleich zum Lesen eines Handouts kaum einen Mehrwert. Denkbare Argumentationsziele sind unter anderem

- die Stellungnahme,
- der Kompromiss und
- die Deduktion.

Durch eine *Stellungnahme* vertritt der Redner seine Meinung zu einem vorgegebenen Thema. Er beginnt mit der *Einleitung* (z.B. „Das Management plädiert für die Einführung von … im Unternehmen"), bringt daraufhin das erste Argument (z.B. „die Verluste durch Ineffizienzen belaufen sich auf …"), führt dann weitere *Argumente* ins Feld und zieht schließlich die für ihn gewünschte *Schlussfolgerung* (z.B. „ohne die Einführung von … verliert das Unternehmen … Mio. Euro pro Jahr").

Üben Sie!

Sollten Sie mehrere Argumente in einer Rede verwenden, so beginnen Sie immer mit dem schwächsten und steigern Sie sich hin zu Ihrem stärksten Argument. Der Grund: Erfahrungsgemäß prägen sich Menschen das zuletzt Gehörte am stärksten ein.

Der *Kompromiss* beinhaltet hingegen die Haltung des Redners sowie auch eine Gegenhaltung. Er versucht nicht, die Gegenhaltung vollständig zurückzudrängen, sondern einen Mittelweg auszuloten. Der Redner beginnt mit der *Problemstellung* (z.B. „Sollen wir 1.000 Mitarbeitern betriebsbedingt kündigen?“). Dann folgt die *Proargumentation* (z.B. „die Konjunktur ist eingebrochen und auch die prognostizierten Auftragszahlen sind schlecht“) und schließlich die *Gegenargumentation* (z.B. „betriebsbedingte Kündigungen führen zu hohen Abfindungen und erhöhen das Insolvenzrisiko des Unternehmens“). Wichtig bei der Gegenargumentation ist, dass hier entgegen der oben genannten Regel zu Beginn das stärkste und zuletzt das schwächste Argument genannt werden. Durch diese Argumentationsweise konkurriert am Ende der Argumentationskette das stärkste Proargument mit dem schwächsten Gegenargument, da diese jeweils beim Publikum haften bleiben. Am Ende des Kompromisses erfolgt die *Schlussfolgerung* (z.B. „betriebsbedingte Kündigungen sind trotz Risiken unausweichlich“), dann der *Appell* an die Zuschauer (z.B. „Überzeugen Sie Ihre Mitarbeiter“).

Ein weiteres Konzept ist die sogenannte *Deduktion*, also die Argumentation *vom Allgemeinen zum Besonderen*. Der Redner beginnt mit der *allgemeinen Annahme* (z.B. „unser Kundenservice ist super“), deren Besonderheiten er daraufhin hervorhebt (z.B. „aber er ist abends nicht erreichbar“). Darauf folgen die Voraussetzungen für die Besonderheiten (z.B. „Teilzeitkräfte für Abendstunden einstellen“). Griffige Argumente untermauern die Voraussetzung (z.B. „das verbessert die Kundenbindung"). Am Ende wird die Schlussfolgerung gezogen (z.B. „dies steigert Kundenzufriedenheit und Umsatz").

Das Publikum kennenlernen

Analysieren Sie vor jeder Rede Ihr zu erwartendes Publikum und fragen Sie sich, welche Informationen das Publikum interessiert. Um den Nerv des Publikums zu treffen, ist es für Sie unerlässlich, Informationen über

- die Zusammensetzung,
- das Vorwissen,
- die Vorinformationen,
- die Interessenslage,
- die Hierarchie und
- das intellektuelle Niveau

einzuholen. Bei der Zusammensetzung gilt zu klären: Handelt es sich um

- Fachleute,
- Laien,
- eine bestimmte Berufsgruppe oder um
- ein gemischtes Publikum.

All dies beeinflusst *Komplexität* und *Länge* des Vortrags. Bei einem Fachvortrag vor der Ärztekammer können Sie durchaus eine Stunde oder sogar länger sprechen. Vor einer Schulklasse sollten Sie sich hingegen deutlich kürzer fassen. Der Grund liegt in den unterschiedlichen Aufmerksamkeitsspannen Ihrer Zuhörer.

Das vorhandene *Vorwissen* des Publikums gibt Auskunft über das Niveau der Rede, die Dichte von Fachbegriffen und die Detailtiefe. Achten Sie unbedingt darauf, dass Sie Ihrem Publikum nichts erzählen, was es ohnehin bereits weiß – dies führt zu kontraproduktiver Langeweile.

Neben dem Vorwissen sind auch *Vorinformationen* interessant: Haben die Zuhörer bereits andere Vorträge zu diesem Thema gehört? Sie müssen wissen, ob Sie durch Ihre Rede vorhandenes Wissen untermauern, kritisieren, widerlegen oder einen eigenen Standpunkt abgrenzen wollen.

Ebenso wichtig ist die *Interessenslage* Ihres Publikums. Wollen Ihre Zuhörer lernen, Informationen sammeln oder Entscheidungen vorbereiten. Beachten Sie unbedingt das *Informationsziel*.

Auch die *Hierarchie* zwischen Ihnen und Ihrem Publikum sollten Sie bedenken: Ist Ihnen das Publikum unterstellt, gleichgestellt oder vielleicht sogar vorgesetzt. Es kommt sicher nicht gut an, wenn Sie bei einem Fachvortrag unter Gleichgestellten den Oberlehrer spielen. Dieser zunächst nebensächlich erscheinende Aspekt kann die ganze Rede überschatten. Wenn Sie unsympathisch wirken und in der Folge den Missmut

Ihres Publikums auf sich ziehen, wird Ihnen niemand mehr zuhören, ganz egal wie brillant Ihre Inhalte sind.

Das *intellektuelle Niveau des Publikums* müssen Sie insgesamt abschätzen, um entscheiden zu können, inwieweit sie abstrahieren müssen (z.B. bei geringem Niveau, schrittweises Entwickeln am Flipchart; je höher das Niveau, desto mehr Zwischenschritte können Sie aussparen). Mithilfe dieser hier genannten Basisinformationen kann der Redner auch abschätzen, inwieweit Fragen und Einwände aufkommen werden und wie er auf Zwischenrufe reagieren soll.

Als letzten Punkt der äußeren Gestaltungsaspekte gilt es, die Länge näher zu beleuchten. Über eine unnötig in die Länge gezogene Präsentation kann ein Vortrag mit gutem Inhalt noch zunichtegemacht werden. Berücksichtigen Sie, dass der Gedankenspeicher der Zuhörer begrenzt ist, und sie ab einem gewissen Punkt nicht mehr in der Lage sind, neue Informationen aufzunehmen. Deshalb ist eine Rede so zu gestalten, wie Mark Twain es gesagt hat: „Eine gute Rede hat einen guten Anfang und ein gutes Ende – und beide sollten möglichst dicht beieinander liegen". Die Länge soll möglichst gekürzt werden, ohne den Inhalt zu beschneiden. Dies erfolgt über Formulierungen, konkrete Techniken der Prägnanz und der optimalen Abstimmung zwischen Vorbereitung und Vortrag.

Formulierungen haben ein großes Einsparpotenzial. Über einfache und unkomplizierte Formulierungen kann man durch wenige Worte dem Zuhörer deutlich machen, was relevant ist (z.B. „Entsprechend der Geschäftsführervorgabe für Abwesenheit wurde die Entwicklung und Einführung einer Vertretungsregelung durchgeführt“ – viel zu lang, zu viele irrelevante Informationen. Besser: „Ich habe eine Vertretungsregelung eingeführt!“).

Über konkrete Optimierungsmaßnahmen soll Klarheit im Redemanuskript geschaffen werden. Ein Redner sollte konkret und prägnant formulieren. Kurzum: Reden Sie aktiv! Sagen Sie also nicht „man sollte“, sondern sagen Sie „ich muss“, „wir müssen“.

Verwenden Sie zudem einfache Sätze, teilen Sie komplizierte Schachtelsätze auf und vermeiden Sie unbedingt Floskeln. Achten Sie auf Verben und abstrakte Hauptwörter aus Verben. Also: „Fassen Sie keinen Beschluss“, sondern „beschließen sie“ oder „erbringen sie keine Leistung“, sondern „leisten sie“. Auch redundantes „Geschwätz“ müssen Sie unbedingt vermeiden. Sprechen Sie also nicht von einer „permanenten Dauerbelastung“, denn eine Dauerbelastung ist immer permanent.

Zusammenfassend heißt das: Kommen Sie auf den Punkt! Hierfür ist es wichtig, dass Sie Ihr Skript mehrmals lesen und unnötiges Beiwerk und Floskeln streichen und verknotete Aussagen vermeiden.

Achten Sie auch darauf, dass eine optimale Abstimmung zwischen der Vorbereitung (Gliederung), dem Publikum (Art, Zusammensetzung etc.) sowie Zeit und Länge erfolgen (alle Inhalte vermitteln vs. fertig werden).

Eine Stoffsammlung anlegen

Verschaffen Sie sich einen ersten Überblick über das Thema. Denken Sie dabei an die Erörterung aus dem Deutschunterricht. Ohne eine vorher aufgestellte Gliederung ist auch hier kein sinnvoller Aufbau der einzelnen Argumente möglich. Ganz ähnlich verhält es sich bei der Rede. Legen Sie deswegen eine *Stoffsammlung* an. Dafür können Sie auf zahlreiche Methoden zurückgreifen. Drei Methoden möchten wir Ihnen genauer vorstellen:

- das Brainstorming,
- das Clustering und
- die W-Fragen.

Allen Methoden ist gemein, dass Sie durch assoziative Methoden erste Verknüpfungspunkte zwischen Ansätzen und Ideen herstellen.

Die bekannteste und eine durchaus sinnvolle Methode ist das *Brainstorming*. Sie benötigen dafür lediglich ein weißes Papier. Schreiben Sie darauf alles, was Sie mit dem Thema in Verbindung bringen. Denken Sie in dieser Phase weder darüber nach, ob der Gedanke relevant ist, noch setzen Sie sich Grenzen. Erst im zweiten Schritt lesen Sie Ihre Ideensammlung durch. Streichen Sie problem- oder themenfremde Ideen – bewerten und sortieren Sie die passenden. Diese Methode ist durchaus ergiebig.

Beim *Clustering* versuchen Sie Ähnlichkeitsstrukturen aufzudecken. Hier können Sie auf die Assoziationsketten zurückgreifen. Stellen Sie einen übergeordneten Begriff ins Zentrum (z.B. Rechnungswesen) und erweitern Sie diesen mit verwandten Begriffen (z.B. internes Rechnungswesen und externes Rechnungswesen), wobei Sie jeden dieser Begriffe wiederum mit weiteren verwandten Begriffen erweitern (z.B. externes Rechnungswesen mit Wirtschaftsprüfung, Offenlegungspflicht und Bundesanzeiger). Auf diese Weise abstrahieren Sie vom Allgemeinen zum Speziellen und assoziieren. Diese Vorgehensweise verknüpft erste Ideen, sie visualisiert, in welche Richtung sich das Thema entwickeln kann, und liefert auch Schreibimpulse.

Bei den sogenannten *W-Fragen* formulieren Sie zu Beginn das Kernproblem und stellen möglichst viele W-Fragen dazu: *Was* sind die relevanten Merkmale des Problems? *Wie* lässt sich das Problem beurteilen? *Warum* existiert das Problem? usw. In der Folge abstrahieren Sie zum nächsten untergeordneten Teilproblem und stellen erneut möglichst viele W-Fragen. Diese Methode ermöglicht die bewusste Wahrnehmung und Verarbeitung von Informationen. Sie beschäftigen sich intensiv mit dem Thema, denken auch *um die Ecke* und verbinden neues Wissen mit altem. Ein positiver Nebeneffekt dieser Methode: Sie fördert auch das *Erinnerungsvermögen*, das heißt Sie verinnerlichen das Thema.

Dem Wissen Struktur verleihen

Vermitteln Sie Ihrer Stoffsammlung die notwendige *Struktur*. Anders ausgedrückt: Erstellen Sie eine *Gliederung*.

Sehr geeignet ist ein Ziffernsystem (1, 2, 3 ...). Dadurch können Sie die optische Wertigkeit der einzelnen Punkte gut verdeutlichen. Achten Sie darauf, dass Sie entweder alle Kapitel mit Untergliederungspunkten (also 1.1, 1.2, 1.3 ...) beziffern oder generell darauf verzichten. Achten Sie zudem auf eine einheitliche Formulierung der Gliederungspunkte, verwenden Sie zum Beispiel nur Fragen oder Aussagen oder wählen Sie eine Überschrift.

Die auf diese Weise aufgebaute Gliederung verleiht Ihren Gedanken die notwendige Struktur und hilft Ihnen dabei, sich schnell und sicher im Thema zurechtzufinden. Auf dieser Basis können Sie Ihre Rede verfassen. Wichtig: Verlieren Sie dabei allerdings nie das Publikum und Ihr Argumentationsziel aus den Augen.

*** Gut zu wissen!**

Sie können einen Vortrag auch nach dem *AIDA-Modell* gestalten, das aus dem Marketing stammt.

Das Konzept passt gut, da das Verkäufer-Kunden-Verhältnis mit dem des Redners und des Zuhörers vergleichbar ist. Schließlich wollen Sie Ihre Aussagen und Inhalte erfolgreich an Ihr Publikum vermitteln. Das Modell basiert auf vier Stufen:

■ **A**ttention ■ **I**nterest ■ **D**esire ■ **A**ction

Als Redner ist es zunächst Ihre Aufgabe, die *Aufmerksamkeit* (Attention) Ihres Publikums zu wecken. Vermeiden Sie dabei Floskeln wie zum Beispiel „Nehmt es mir bitte nicht übel, wenn ...“, „Ich meine ...“, „Ich denke ...“ oder „Ich würde ...“.

In der Folge müssen Sie *Interesse* (Interest) wecken, also Substantielles in Ihrer Rede bieten und neugierig machen. Im folgenden Schritt müssen Sie konkrete Vorteile aufzeigen und in Ihrem Publikum den *unbedingten Wunsch* (Desire) wecken, die Zielsituation erreichen zu wollen. Wichtig ist dabei, dass Sie eindeutige Formulierungen wählen („wenn Sie ..., dann ...“) – haben Sie dabei Mut zur *klaren Kante*.

Nur so erhalten Sie das Wohlwollen der Zuhörer und schaffen Verständnis. Vermeiden Sie unbedingt schwammige Aussagen in Form von „wir können doch einmal ausprobieren ...“ oder „wir haben vielleicht mehr davon, wenn ...“.

Fordern Sie am Ende Ihr Publikum zu einer *Handlung* (Action) auf im Sinne von „ich schlage vor, dass wir …“ und untermauern Sie Ihre Aussage mit einem konkreten Fahrplan, also „bis nächste Woche konzipiere ich …“.

Hilfsmittel sinnvoll einsetzen

Eine Rede ist häufig nicht nur *textlich* ausgestaltet. Viele Redner greifen auch auf den Einsatz von Hilfsmitteln zurück (→ S. 52). Studien haben ergeben, dass die *Behaltensleistung* bei visuellem Einsatz deutlich ansteigt (Hören: 15 % Behalten, Sehen: 25 %, Hören und Sehen: 60 %). Trotzdem sollten Sie den Einsatz von Hilfsmitteln dosieren, da sonst beim Publikum eine *Reizüberflutung* droht und der positive Effekt von Hilfsmitteln sich in das Gegenteil umschlägt. Welches Hilfsmittel dem Anlass angemessen ist, sollten Sie stets individuell abwägen. Hier gibt es keine klare Regel. Eventuell ist der Einsatz der Mittel von der Größe des Publikums abhängig. Denkbare Hilfsmittel sind zum Beispiel

- der Overheadprojektor,
- der Laptop mit PowerPoint-Präsentation,
- das Video und
- der Flipchart.

Der *Overheadprojektor* dient der Darstellung von Zusammenfassungen und der Veranschaulichung. Er stellt visuell gut die Struktur des Redners dar, die das Publikum während der Rede durchaus aus den Augen verlieren kann. Der *Laptop* in Kombination mit einer *PowerPoint-Präsentation* hilft bei der Darstellung von komplexen Grafiken und Animationen. Damit können Sie zum Beispiel komplizierte Abläufe präsentieren, die Sie verbal nur sehr schwierig vermitteln können. Das *Video* wird seltener eingesetzt, da die Erstellung sehr aufwändig ist. Es kann allerdings Argumentationen untermauern und notwendige Erläuterungen durch eine Off-Stimme geben. Der *Flipchart* hilft beim Abstrahieren (vom Allgemeinen zum Speziellen).

✱ Gut zu wissen!

Der Flipchart wird häufig bei einem kleineren Publikum eingesetzt. Es handelt sich dabei um einen großen Tafelschreibblock, auf dem Sie als Redner mit einem dicken Filzstift schreiben.

Das ist für viele Redner beim ersten Mal durchaus ungewohnt. Nutzen Sie die Möglichkeit, im Vorfeld einige Worte auf einem Flipchart zu schreiben, um den Umgang mit diesem Hilfsmittel zu üben. Überzeugen Sie sich vor jeder Rede stets davon, dass die Stifte vorhanden sind und diese gut schreiben.

✱ Der Flipchart

Den Vortrag gliedern

Nachdem Sie Ihrem Wissen Struktur verliehen und über den Einsatz der Hilfsmittel entschieden haben, geht es im folgenden Schritt um die Gliederung Ihres Vortrags. Denken Sie dabei immer daran, dass Ihr Vortrag dem Zuhörer einen konkreten Mehrwert bieten muss – im Vergleich zum Selberlesen eines Textes beispielsweise im Internet.

In der Grundstruktur wird jede Rede in

- Einleitung,
- Hauptteil und
- Schluss

gegliedert. In der *Einleitung* sprechen Sie das Publikum an. Durch *Auflockerung* oder sogar eine leichte *Provo-*

kation können Sie die Aufmerksamkeit auf sich und Ihr Thema ziehen. Mit der Einleitung leiten Sie auch auf den Hauptteil und damit auch auf das Thema Ihres Vortrags über. Es muss Ihnen dabei gelingen, beim Publikum *Neugierde* zu wecken. Es ist hilfreich, dafür ein aktuelles Thema aus der Tages- oder *Branchenpresse* zu nutzen.

Der *Hauptteil* ist das Kernelement Ihrer Rede. Eine klassische Möglichkeit der Gestaltung ist der *Soll-Ist-Vergleich* – also die Frage „Wo befinden wir uns heute?“ und „Wo wollen wir schließlich hin?“. In Ihrem Vortrag können Sie dann unterschiedliche Lösungsansätze aufzeigen. In der Regel folgt schließlich der *Kompromiss* zwischen den beiden Extremansätzen, im Sinne von These, Antithese und Synthese.

Der *Schluss* hat *Appellcharakter*: Fordern Sie Ihre Zuhörer zur Tat auf. Skizzieren Sie beispielsweise, welche negativen Konsequenzen drohen, wenn ein Lösungsansatz (oder der Kompromiss aus zwei Extremansätzen) nicht in die Tat umgesetzt wird.

✱ Gut zu wissen!

Ein weiterer Gliederungsansatz ist die sogenannte *Fünfsatzgliederung*, die sich an der *antiken Rede* orientiert.

Im Detail: Das Interesse wecken Sie hier nicht durch die oben genannte Provokation, sondern durch *Wohlwollen*: Verdeutlichen Sie den Selbstnutzen für die Zuhörer. Sprechen Sie dabei unbedingt direkt zum Publikum – auch hier ist eine aktive Rede besonders wichtig. Vermeiden Sie das Wort „man" und verwenden Sie vorzugsweise „wir" und „ihr". Nun erläutern Sie die Problemstellung, indem Sie die *gegenwärtige Situation schildern* (→ Teil der antiken Rede) und schaffen so das Bewusstsein, dass überhaupt ein Problem existiert. Es folgen die Lösungsansätze, indem Sie *neue Möglichkeiten* (→ Teil der antiken Rede) aufzeigen. Legen Sie in diesem Zusammenhang Ihr eigenes Konzept dar und begründen Sie, warum genau dieses zielführend ist.

Durch anschauliche Beispiele, also durch das *Präzisieren*, untermauern Sie Ihre Ausführungen. Greifen Sie immer wieder darauf zurück und bilden Sie Assoziationen. Es folgt der *Aufruf* – oder anders ausgedrückt die Aufforderung – zur Handlung oder der Appell an die Selbstverantwortung der Zuhörer im Sinne von „Nur durch euer Handeln, kann gelingen, dass …".

Last but not least: Vergessen Sie nicht, wie bereits erwähnt, die indirekte Anrede „man" zu vermeiden und verwenden Sie stattdessen „wir" oder „ihr".

Wie kann eine konkrete Gliederung nun aussehen? Ein konkretes Beispiel: Stellen Sie sich vor, Sie sind ein Vertriebsmanager in einem Bio-Unternehmen und Ihr Vorgesetzter, der Vertriebsleiter, bittet Sie, einen Vortrag auszuarbeiten, der eine Verschärfung der Pestizid-Produkt-Zulassung in der Europäischen Union zum Ziel hat.

Vortragsthema: Ist das EU-Pestizid-Produkte-Zulassungsverfahren ausreichend wirksam oder sind schärfere gesetzliche Regelungen notwendig?

Gliederungsvorschlag:

1. Einleitung – Definition und Historie der Pestizide
1.1 Pestizide – allgemeine Definition
1.2 Abgrenzung zu Pflanzenschutzmitteln
1.2.1 Abgrenzungsprobleme
1.2.2 Beispiele beruflicher Verwendung & Risiken
1.3 Behandelte Waren
1.4 Historische Entwicklung

2. Rechtsgrundlagen
2.1 Entstehung der EU-Rechtstexte
2.2.1 Rechtsbereich Biocidal Products Regulation (BPR)
2.2.2 Ziele der BPR
2.3 Zulassungsstelle und Bewertungsbehörden
2.4 EU-interne Meetings

3. Zulassung – insbesondere Risikobewertung

3.1 Zulassung = Marktzugangsverfahren

3.2 Unterschiede zweier Zulassungsverfahren

3.3 Potenzielle Risiken

3.3.1 Risiko-Arten

3.3.2 Risiko-Bewertung

3.4 Toxikologie „Einstufung"

3.4.1 Fragestellungen

3.4.2 Prüfvorschriften

3.4.3 Untersuchungsmethoden

4. Theorie trifft Praxis

4.1 Wirkstoff-Beispiele und Zahlen

4.1.1 Wirkstoffe und Antragsteller

4.1.2 Wirkstoff-Liste

4.2 Produkt-Zulassung

4.2.1 Gegenseitige Anerkennung in EU

4.2.2 Zugelassene Pestizidprodukte

4.3 Grenzfälle: z.B. Zusammensetzung

4.3.1 Nebenwirkung: Kosten + Nutzen für die Industrie

4.3.2 Nebenwirkungen: für Verbraucher

4.4 Wirkstoff-Beispiele & Produkt-Statistik

4.5 Kinderkrankheiten & Nebenwirkungen

5. Fazit – Zulassung ist kein Prädikat

5.1 Pestizide sollen Leben „unschädlich" machen

5.2 Inhaltsstoffe nicht 100 % bekannt

5.3 Nicht alle Toxikologie-Studien berücksichtigt

5.4 Exposition (Freisetzung von Pestiziden) wird für einen „Worst-Case" berechnet

5.5 Bedenkliche Produkte können zugelassen sein, wenn Nutzen größer Risiko

5.6 Alle Verfahren werden ständig (weiter-)entwickelt

6. Tendenzen und Ausblick

7. Literatur & Fragen

Das Redemanuskript gestalten

Als Unterstützung Ihrer Rede empfiehlt es sich, ein Manuskript zu gestalten. Allerdings sollte dies stets nur eine *Orientierungshilfe* sein. Lesen Sie es nie eins zu eins vor!

Investieren Sie vor dem Vortrag ausreichend Zeit in die Formatierung des Manuskripts, denn sie ist essentiell für die unterstützende Wirkung. Beachten Sie bei der Gestaltung das Folgende:

- Verwenden Sie einen doppelten *Zeilenabstand*, dies erhöht die Lesbarkeit.
- Verwenden Sie *Hervorhebungen*, beispielsweise mit dem Leuchtmarker, sparsam.

- Vermeiden Sie *Abkürzungen* oder verwenden Sie nur die, die wirklich geläufig sind.
- Vermeiden Sie schwer verständliche *Fremdwörter* (oder solche, deren Bedeutung Sie nicht kennen) und *Schachtelsätze* (formulieren Sie kurz und prägnant).

✱ Gut zu wissen!

Ein *Profiredner* gestaltet sein Manuskript ausschließlich in Stichworten. Dies hilft ihm dabei, seinen Blick nur selten vom Publikum abzuwenden. Durch seine Routine gerät er trotz des stichwortartigen Redemanuskripts nicht aus dem Konzept; sollte dies dennoch passieren, greift er auf *Assoziationen* zurück.

Zudem hilft ihm die *Improvisation* dabei, auf das Publikum angemessen zu reagieren: Er erweitert aus dem Stand positive Teile seiner Rede und reduziert diese, die beim Publikum Unmut verursachen.

Zwischenrufe oder Stimmungsschwankungen im Publikum werfen ihn nicht aus der Bahn, vielmehr bindet er sie in seine Rede ein.

Das visuelle Aufbereiten

Es gibt viele versierte Rhetoriker, die ihr Manuskript nicht selbst illustrieren. Sie stellen Ihre Inhalte mit Worten exzellent dar, verschenken jedoch Potenzial, indem sie den visuellen Aspekt vollständig außer Acht lassen.

✱ Gut zu wissen!

Wissenschaftlichen Studien zufolge liegt die Behaltensleistung des Publikums mit Bild und Wort bei 60 %, wohingegen Sie bei der ausschließlichen Arbeit mit dem Wort nur bei 20 % liegt. Verschenken Sie dieses Potenzial nicht und bereiten Sie Ihren Vortrag visuell auf.

Genau wie für die Gestaltung von Texten (Einfachheit, Gliederung, Prägnanz, Stimulus) gibt es auch bei der *grafischen Gestaltung* Modellierungsregeln, um einen zusätzlichen Stimulus hervorrufen. Bewährte Präsentationsformen sind

- Grafiken,
- Diagramme oft in Kombination mit
- PowerPoint-Präsentationen.

Egal, wofür Sie sich letztendlich entscheiden, berücksichtigen Sie elementare Gestaltungsregeln, die

- Farben,

- Ränder und Abstände,
- Schrift,
- Inhalte sowie
- Bilder, Abbildungen und Diagramme.

betreffen.

Bei der *Farbgestaltung* sollten Sie vermeiden, dass die Präsentation durch knallige oder extrem kontrastreiche Farbensembles ein schreiend buntes Durcheinander ergibt. Dies lenkt Ihr Publikum vom Inhalt ab. Durch neutrale und eine zurückhaltende Gestaltung lenken Sie den Fokus auf die wirklich elementaren Kernaussagen.

Durch großzügige *Ränder und Abstände* beeinflussen Sie das Gesamtbild der Präsentation positiv. Achten Sie besonders in PowerPoint darauf, dass Sie auf jeder Folie die gleichen Ränder und Abstände verwenden. Diese einheitliche Gestaltung ist professionell und erhöht die Aufmerksamkeit des Publikums. Konkret geht es dabei um die Fragen: Wo steht das Unternehmenslogo, wo die Titelzeile und wie weit ist der Text von der Folienkante entfernt?

*** Gut zu wissen!**

Viele Unternehmen bieten Ihren Mitarbeitern sogenannte *Folienmaster* in PowerPoint an. Die Gestaltung der einzelnen Folien ist darin häufig im Hinblick auf Farben und Schriften an die *Corporate Identity* (kurz: CI) des Unternehmens angelehnt.

Auch der Stand des Logos sowie Abstände und Ränder sind darin festgelegt. Fragen Sie bei der Gestaltung Ihrer ersten PowerPoint-Präsentation nach diesen Vorgaben.

Halten Sie das *Schriftbild* möglichst einfach. Viele unterschiedliche Schriften und Schriftgrößen lenken Ihr Publikum ab. Verwenden Sie deswegen jeweils nur eine Schriftart und -größe für Überschriften, Texte und Aufzählungen. Setzen Sie Kursivstellungen und Fettdruck dosiert ein.

Beschränken Sie die *Inhalte* auf einen Sachverhalt pro Folie und auf *Stichworte*. Bedenken Sie, dass Ihr Publikum nicht zugleich zuhören und mitlesen kann. Inhalte auf Folien müssen kurz und prägnant sein.

Diagramme verdeutlichen Gegenüberstellungen und Verhältnisse gut. Sie können damit hervorragend Umsätze, Produktivitätskennzahlen und Kosten darstellen. Achten Sie bei der Wahl des Diagrammtyps auf das, was Sie damit bezwecken möchten. Es stehen Ihnen

- Listen und Tabellen,
- Kurvendiagramme,
- Balken- und Säulendiagramme

zur Verfügung.

Listen und Tabellen verwenden Sie bedarfsorientiert, entweder um etwas Wichtiges hervorzuheben, beispielsweise wenn ein Wert eklatant von der Norm abweicht, oder um den Rahmen Ihrer Ausführungen zu erläutern.

Kurvendiagramme stellen Veränderungen im zeitlichen Verlauf dar. Die Abszisse (horizontale Achse) bildet die Zeit (Monate, Quartale oder Jahre) ab, die Ordinate (vertikale Achse) hingegen kann zum Beispiel Mengen, Kosten oder Umsätze abbilden. Achten Sie darauf, dass Sie Abszisse und Ordinate immer benennen, damit Ihre Zuhörer genau wissen, worüber Sie referieren. Dies ist besonders dann wichtig, wenn Sie mehrere Diagramme in Ihrem Vortrag verwenden.

Das *Balken- und Säulendiagramm* spiegelt eine getroffene Aussage deutlich wider: Große Abstände zwischen Säulen oder Balken zeigen auf schöne Art und Weise zwei Alternativen auf – zum Beispiel Verkäufe über den stationären und den Onlinehandel. Wählen Sie die Achseneinteilung sorgfältig, nur so können Sie Verhältnismäßigkeiten gut darstellen.

✱ Gut zu wissen!

Die genannten Diagrammtypen können Sie in Excel erstellen und problemlos in einer PowerPoint-Präsentation einbinden. Dies gilt auch für Fotos, Grafiken, Animationen und sogar Videos. Achten Sie bei der Foliengestaltung in PowerPoint auf Einfachheit und Eindeutigkeit.

Vermeiden Sie unbedingt Redundanzen – also Dopplungen von Inhalten oder Aussagen.

Als Redner können Sie bei der Präsentation Ihrer visualisierten Inhalte auf unterschiedliche Medien zurückgreifen. Hierzu zählen die *Metaplanwand* (auf der Sie zum Beispiel mit Pins Moderationskarten befestigen können), der *Flipchart* (ein mit Filzstift beschriftbarer Tafelblock), *Overhead-* und *PowerPoint-Folien* (für Projektor, Visualizer oder Beamer) sowie das *Plakat*, das Sie wie die Folien auch im Vorfeld erstellen und in geeigneter Größe ausdrucken müssen.

Projektdokumentation durch ein variables Medium:

- Metaplanwand
- Flipchart

Erläuterungen mit „Kurzzeitmedien“:

- PowerPoint-Folien (mit Beamer)
- Metaplanwand
- Overhead-Folien (oder Visualizer)

Orientierung am „Dauermedium“:

- Plakat
- Flipchart

Metaplanwand

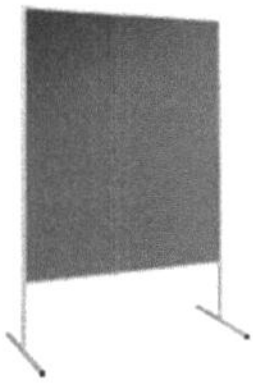

Flipchart

Overheadprojektor

Visualizer

Beamer

Plakat

✱ Gut zu wissen!

Wenn Sie die oben dargestellten Schritte durchgeführt und Ihre Rede verfasst haben, empfiehlt sich eine Generalprobe. Die Rede einmal oder besser sogar mehrmals vortragen – am besten vor einem Probepublikum. Das schafft Sicherheit und eine Routine. Bitten Sie Ihre Zuhörer nach der Rede um eine kritische Meinung und nehmen Sie diese Verbesserungsvorschläge unbedingt mit auf.

Checklisten

Antizipation

	trifft nicht zu	trifft eher nicht zu	trifft eher zu	trifft vollkommen zu
gedanklich | Vortrag inhaltlich durchgespielt, z.B. Generalprobe	☐	☐	☐	☐
situativ | gedankliche Antizipation der Rolle als Redner und der möglichen Reaktion des Publikums (*Szenario-Technik*)	☐	☐	☐	☐
räumlich | gedankliche Antizipation des Seminarraums; habe ich ein konkretes Raumgefühl	☐	☐	☐	☐
technisch | verfügbare Steckdosen und Verlängerungskabel	☐	☐	☐	☐
medial | mit allen Visualisierungsmedien vertraut	☐	☐	☐	☐

Inhaltsanalyse

	trifft nicht zu	trifft eher nicht zu	trifft eher zu	trifft vollkommen zu
Sachlich richtig?	☐	☐	☐	☐
Fachchinesisch vermieden?	☐	☐	☐	☐
Angemessene Gewichtung von Haupt- und Nebenpunkten?	☐	☐	☐	☐
Beschränkung auf das Wesentliche (nur wichtigste Fakten und Kernaussagen?)	☐	☐	☐	☐
Anschauliche Beispiele?	☐	☐	☐	☐
Logische Schlüsse erwähnt?	☐	☐	☐	☐

Analyse der Struktur und Gliederung

	trifft nicht zu	trifft eher nicht zu	trifft eher zu	trifft vollkommen zu
Klar erkennbar?	☐	☐	☐	☐
Zielgerichtet?	☐	☐	☐	☐
Chronologisch?	☐	☐	☐	☐
Deutliche Zusammenhänge?	☐	☐	☐	☐
Problemlösung?	☐	☐	☐	☐
Ursache-Wirkung?	☐	☐	☐	☐
These-Antithese-Synthese?	☐	☐	☐	☐
Gute Zusammenfassung beim Appell?	☐	☐	☐	☐
Verweis auf Einleitung in Schlussfolgerung?	☐	☐	☐	☐

Analyse des Präsentationsdesigns

	trifft nicht zu	trifft eher nicht zu	trifft eher zu	trifft vollkommen zu
So wenig wie möglich, so viel wie nötig?	☐	☐	☐	☐
Neutrale Gestaltung?	☐	☐	☐	☐
Einheitliches und dezentes Schriftbild?	☐	☐	☐	☐
Große Schrift?	☐	☐	☐	☐
Nur eine Schriftart?	☐	☐	☐	☐
(Nur) zum Hervorheben Fettdruck?	☐	☐	☐	☐
Dezenter Farbeinsatz?	☐	☐	☐	☐
Anschauliche und aussagekräftige Schaubilder?	☐	☐	☐	☐
Übersichtliche Tabellen?	☐	☐	☐	☐
Teilnehmerunterlagen vollständig? Alle wesentlichen Inhalte enthalten?	☐	☐	☐	☐

Ein Sachverhalt pro Folie?	☐	☐	☐	☐
Nur wichtige, einprägsame Informationen (z.B. eine Zahl, die aus der Statistik heraussticht)?	☐	☐	☐	☐
Stichworte verwendet?	☐	☐	☐	☐

Zuhöreranalyse

	trifft nicht zu	trifft eher nicht zu	trifft eher zu	trifft vollkommen zu
Interessen des Publikums bekannt?	☐	☐	☐	☐
Vorwissen bzw. Wissensstand bekannt?	☐	☐	☐	☐
Hierarchie bekannt? (unterstellt, gleichgestellt, vorgesetzt)	☐	☐	☐	☐
Intellektuelles Niveau bekannt? (Fachleute, Laien, Berufsgruppe, gemischt)	☐	☐	☐	☐

Fachbegriffe angemessen verwendet?	☐	☐	☐	☐
Komplexe Inhalte schrittweise erklärt?	☐	☐	☐	☐
Komplexe Inhalte verständlich vermittelt?	☐	☐	☐	☐
Komplexität und Länge angepasst?	☐	☐	☐	☐

Analyse des Medieneinsatzes

	trifft nicht zu	**trifft eher nicht zu**	**trifft eher zu**	**trifft vollkommen zu**
Dient nur der Unterstützung des Vortrags?	☐	☐	☐	☐
Lenkt nicht vom Vortrag ab?	☐	☐	☐	☐
Verschiedene Medien verwendet (Abwechslung)?	☐	☐	☐	☐
Unterschiedliche Sinne avisiert?	☐	☐	☐	☐

Strukturanalyse nach AIDA

A – Aufmerksamkeit erregt

Einstieg attraktiv, kreativ?

- ☐ unerwarteten Aufhänger präsentiert
- ☐ auf Vorredner der Veranstaltung eingegangen
- ☐ Statistik
- ☐ Zitat
- ☐ aktuelles Ereignis
- ☐ kurze Videosequenz
- ☐ optischer „Köder"
- ☐ Problemstellung (Aufmerksamkeit durch Problem erregt)

I – Interesse geweckt (15 %)

Fortführung interessant, weckt Interesse, geht auf Vorredner/Veranstaltung ein?

- ☐ Thema/Ziel benannt
- ☐ zum Thema hingeführt (offene Fragen, persönliches Interesse etc.)
- ☐ Struktur gesetzt (Fragestellung und Gliederung etc.)
- ☐ Beziehung zu den Hörern hergestellt

D – Inhalte gut dargestellt (75 %)

Inhalt sachlich richtig, gute Gewichtung der Haupt- und Nebenpunkte, Beschränkung auf Wesentliches?

- ☐ max. 5 Unterpunkte mit Überleitung
- ☐ Teilnehmer aktivierende Methoden
- ☐ neue Information verankert: verknüpft und wiederholt (Medieneinsatz)
- ☐ frei gesprochen mit grob strukturiertem Manuskript

A – Abschluss abgerundet (10%)

Gute Zusammenfassung, Verweis auf Einleitung, gute Überleitung zur Diskussion mit den Teilnehmern?

- ☐ Bogen zum Einstieg gespannt
- ☐ Zusammenfassung
- ☐ Ausblick
- ☐ Überleitung zur Diskussion

❸ Die Durchführung

Die Vorbereitung ist vollbracht – nun geht es darum, die Inhalte im Vortrag zu präsentieren. Es reicht nicht aus, dass Sie Ihr Redemanuskript einfach ablesen. Vielmehr müssen Sie konkrete *Verhaltensregeln* berücksichtigen, damit Sie sich das Wohlwollen und die *Aufmerksamkeit des Publikums* sichern.

Diese gelten für

- die Eröffnung,
- den Hauptteil,
- den Abschluss und
- die gezielte Verarbeitung von Störungen.

Bei der Eröffnung müssen Sie schnell *Blickkontakt* zu Ihrem Publikum herstellen. Schon bei der Begrüßung sollten Sie laut und deutlich sprechen sowie Thema, Anlass und Ziel des Vortrags erläutern. Der Eröffnung kommt eine nicht zu unterschätzende Bedeutung zu: Sie erzeugen Aufmerksamkeit („Ihr seid gemeint!“ bzw. „Es betrifft euch!“) und führen an das Thema heran („Um was geht es?“). Sie müssen in der Folge darauf achten, dass Sie die gewonnene Aufmerksamkeit im Hauptteil nicht verlieren: Fallen Sie auf keinen Fall in eine *monotone Stimmlage*, wenn Sie Ihre Thesen zum Besten geben, vermeiden Sie zudem *Schachtelsätze* und unbedingt *Fachchinesisch*. Am Schluss fassen Sie die wichtigsten Inhalte zusammen, um sie auf diese Weise im Gedächtnis des Publikums zu festigen.

Denken Sie dabei daran, dass das zuletzt Gehörte am ehesten beim Zuhörer haften bleibt. Richten Sie am Ende auch einen *Appell* an das Publikum – fordern Sie Unterstützung.

Während Ihres Vortrags kann es immer zu *Störungen* durch *Zwischenrufe* und kritische Einwände kommen. Stellen Sie sich auf diesen Fall ein. Die oberste Prämisse bei Störungen lautet dann: sachlich, selbst wenn die Einwände aus dem Publikum unsachlich, unhöflich oder sogar persönlich sind. Begeben Sie sich in solchen Fällen nie auf die Ebene des Störers. Wiederholen Sie bei Störungen den letzten Aspekt Ihres Vortrags nochmals oder umschreiben Sie ihn in anderen Worten. Dies hilft Ihnen dabei, nicht den roten Faden zu verlieren. Verweisen Sie bei hartnäckigen Zwischenrufen darauf, dass nach dem Vortrag Zeit zur Diskussion bleibt.

Die Sprachtechnik nutzen

Atmen Sie vor dem Vortrag bewusst tief ein. Dies löst Spannungen und gibt Ihnen Sicherheit. Ziel ist die sogenannte *Vollatmung*. Sie setzt sich aus der Brust-, der Zwerchfell- bzw. Bauch- und Flankenatmung zusammen. Atmen Sie nie ausschließlich durch den Mund. Dies trocknet schnell die Kehle aus und führt zu krächzendem und rauem Sprechen. Sinnvoll ist eine ruhige Atmung durch die Nase.

✱ Gut zu wissen!

Atemübungen beginnen immer mit dem Ausatmen. Nach dem verlängerten Ausatmen, den Atem kurz anhalten. Danach durch die Nase einatmen.

Ihre *Atmung* bestimmt das Tempo Ihrer Rede. Achten Sie auf ein langsames Grundtempo, denn nur dann reden Sie sauber und deutlich. Referieren Sie zu hektisch, verlieren Sie Ihr Publikum im Galopp. Das langsame Sprechen verschafft Ihnen Souveränität, die Zuhörer verbinden es zudem mit Führungsqualitäten. Dennoch können *Tempoveränderungen* sinnvoll sein – spielen Sie damit:

- Verzögerungen erzeugen Spannung und
- Beschleunigungen reißen mit.

Setzen Sie das Sprechtempo also dosiert und gezielt ein. Dadurch gewinnen Sie Ihr Publikum und schaffen einen lebendigen Vortrag.

Sie können Ihre Stimme in Bezug auf die *Normallautstärke* bis zu 300 % variieren. Dadurch setzen Sie bewusst Akzente. Die Variation der Modulation muss allerdings zum Sinn des Gesagten passen: Sowohl durch Anhebung als auch die Absenkung der Lautstärke können Sie Spannung erhöhen und wichtige Argumente zusätzlich herausstellen.

Auch die *Stimmlage*, also die Stimmhöhe, können Sie einsetzen, um Gefühle und Stimmungen besonders zu betonen. Sprechen Sie klar und deutlich, möglichst ohne Dialekt. Werden Sie sich über Ihre eigene Stimmwirkung bewusst und korrigieren Sie diese gegebenenfalls. Hier empfiehlt es sich, die Vorträge aufzunehmen, die eigene Stimme zu analysieren und Optimierungsmöglichkeiten zu erkennen. Die Sprache ist Ihre klingende Visitenkarte.

✱ Gut zu wissen!

Professionelle Redner machen zu Beginn des Vortrags eine so lange Pause, bis im Raum absolute Ruhe herrscht. Pausen sind das Salz in der Suppe des Sprechens. Pausen machen aufmerksam und erzeugen Spannung.

Es gibt unterschiedliche *Pausenarten*, die Sie in Ihre Rede mit unterschiedlicher Wirkung einsetzen können.

- Die *Nachwirkungspause* schließt sich einer besonders wichtigen Aussage an und erhöht die Wirkung des Gesprochenen.
- Die *Vorbereitungspause* weist auf etwas Wichtiges hin.
- Die *Regenerationspause* ist für den Redner gedacht, um tief Luft holen zu können.
- Die *Denkpause* gibt dem Redner Zeit, den nächsten Gedanken zu fassen. Und:

- *Pausen nach rhetorischen Fragen* geben dem Zuhörer Zeit zum Nachdenken.

Passen Sie die Länge einer Pause ihrer Bedeutung an: Denkpausen nach einem Hauptgedanken sollten nicht kürzer als drei Sekunden sein. Damit Sie die Pausen während der Rede nicht vergessen, sollten Sie diese auch im Redemanuskript oder auf den *Stichwortkarten* vermerken. Übrigens: Pausen erfordern mehr Mut als Reden. Schöpfen Sie diesen Mut, denn Pausen sind für Sie als Redner und für Ihre Zuhörer unerlässlich.

✱ Gut zu wissen!

Zeichnen Sie Ihre Rede zur Probe einmal mit der Aufnahmefunktion Ihres Smartphones oder einem Diktiergerät auf. Analysieren Sie dann Ihre Stimme, die gesetzten Pausen und suchen sie nach Optimierungsmöglichkeiten.

Fachsprache und Fremdwörter richtig einsetzen

Verwenden Sie *Fachausdrücke* nur, wenn Sie zu Fachleuten sprechen. Ansonsten wirkt Ihr Sprachstil verfehlt und für den Zuhörer uninteressant.

Setzen Sie *Fremdwörter* nur dann ein, wenn diese vom Publikum eindeutig verstanden werden und treffender sind als Umschreibungen. Gibt es ein treffenderes deutsches Synonym, dann sollten Sie dieses dem Fremdwort vorziehen. Bedenken Sie, dass es in Ihrem Vortrag nicht darum geht, Ihre fundierte Allgemeinbildung zu demonstrieren. Sinn und Zweck Ihrer Rede ist es, vom Publikum verstanden zu werden. Das setzt voraus, dass Sie die Sprache Ihres Publikums sprechen.

Der richtige Satzbau

Überfordern Sie Ihre Zuhörer nicht. Oder anders ausgedrückt: Machen Sie es Ihren Zuhörern leicht. Deswegen gilt:

- Redesätze sind *kurze Sätze*.
- Schenken Sie jedem *Gedanken* seinen eigenen Satz.
- Sprechen Sie nach Möglichkeit nur *Hauptsätze*.
- Vermeiden Sie *Nebensätze* und – auch wenn Sie dies nun zum wiederholten Male lesen – *Schachtelsätze* sind verboten!

Auch wenn es schwerfällt: Vermeiden Sie *Verlegenheitslaute* wie „ähs“ und „ohs“. Auch sogenannte *Flickwörter* wie „nicht wahr“, „also“, „nun“ oder „gell“ sollten Sie aus Ihrem Wortschatz streichen. Auch *Modewörter* wie „echt“, „irre“ oder „krass“ sind in einem Vortrag fehl am Platz.

Den Stil beachten

Vergessen Sie über Ihren Redegegenstand nicht Ihre Körpersprache sowie Ihr generelles Auftreten vor und nach der Rede. Oft kommt es vor, dass ein Redner mit einer gut ausgearbeiteten und inhaltlich klugen Rede sein Publikum trotzdem nicht erreichen kann. Der Grund: Das Publikum nimmt nicht nur den Vortrag wahr, sondern ist ein ganzheitlicher Kritiker: Es beobachtet und bewertet den Redner genau, sowohl bewusst, als auch unbewusst. Nimmt Sie das Publikum als unsympathisch war, werden Sie es auch mit einer brillanten Rede nicht schaffen, Ihre Inhalte und Ihr Anliegen in vollem Umfang zu vermitteln.

Die freie Rede ermöglicht es Ihnen, Ihr Publikum anzuschauen. So können Sie rasch einen Draht zu den Zuhörern aufbauen. Sie erkennen nur dann, ob das Gesagte verstanden wurde. Nehmen Sie Kopfnicken und Kopfschütteln wahr und reagieren Sie darauf flexibel.

Jedoch ist bei dem Blickkontakt auch Vorsicht geboten: Starren Sie einzelne Zuhörer nicht zu lange an, dies wirkt belästigend. Lassen Sie besser Ihren Blick schweifen.

✱ Gut zu wissen!

Blickkontakt mit dem Publikum zu halten ist nicht einfach. Es setzt voraus, dass Sie Ihre Rede aus dem Effeff beherrschen und zudem eine gewisse Routine in Vortragssituationen haben. Wie so oft gilt auch hier: Übung macht den Meister. Verwenden Sie Stichwortkarten anstelle eines umfangreichen Redemanuskripts als Gedächtnisstütze, dies schafft Sicherheit.

Geeignete Formulierungen wählen

Sie können durch bestimmte Formulierungen Ihr Publikum unterbewusst beeinflussen. Dazu zählen

- rhetorische Fragen,
- Suggestivfragen,
- „Wir- und Sie"-Form und der
- Einsatz von rhetorischen Figuren.

Wenn Sie *rhetorische Fragen* in Ihrem Vortrag einsetzen, erwarten Sie aus dem Publikum keine Antwort. Sie verstärken dadurch vielmehr Ihre eigene Aussage im Sinne von „Habe ich es Ihnen nicht gesagt". Rhetorische Fragen eignen sich ideal für einen Vortrag. Durch den Einsatz stiften Sie Ihr Publikum zu Reaktionen an, denn jeder Zuhörer antwortet im Stillen darauf. Sie als Redner antworten hingegen laut und Ihre Antwort deckt sich mit der des Publikums. Auf diese

Weise machen Sie sich zum Anwalt des Publikums. Sie geben Ihrem Vortrag eine *dialogische Struktur*. Zudem schafft diese Vorgehensweise Sympathie: Nichts lieben Menschen mehr, als ihre eigene Meinung von außen bestätigt zu bekommen.

Durch *Suggestivfragen* vermitteln Sie Behauptungen an das Publikum in Frageform mit dem Ziel, Ihre Zuhörer auf diese Weise zu überzeugen. Ein Beispiel: „Sind Sie nicht auch der Meinung, dass ein guter Mitarbeiter dem Unternehmen einen Mehrwert stiften muss und sich deswegen für die Einführung des neuen Produktionsverfahrens einsetzen sollte?" – hier verdeckt eine Aussage eine andere: Guter Mitarbeiter – Einführung eines neuen Produktionsverfahrens – jeder Mitarbeiter will ein guter sein.

Eine weitere Möglichkeit, Ihr Publikum zu beeinflussen: Sprechen Sie Ihre Zuhörer direkt an. Verwenden Sie – wie bereits gelernt – also die *Wir- und Sie-Form* und vermeiden Sie Formulierungen mit *man*. Damit vermitteln Sie dem Publikum, dass das Gesagte für jeden Einzelnen relevant ist und dass jeder mitverantwortlich für den Erfolg ist.

Bei *rhetorischen Figuren* verstoßen Sie bewusst gegen grammatikalische Regeln, um Argumente zu verstärken. Schon römische Dichter haben dieses Stilmittel angewendet. Bekannte Stilmittel sind zum Beispiel

- die Alliteration,
- die Antithese und
- die Metapher.

Bei der *Alliteration* werden mehrere Wörter mit dem gleichen Anfangsbuchstaben hintereinander angeordnet (z.B. „altes Auto"). Es soll die Zusammengehörigkeit von Begriffen unterstreichen (z.B. „der neue optimale Organisationsplan") und die Eigenschaft mit dem Aspekt gedanklich verknüpfen und später assoziieren helfen.

Die *Antithese* verbindet zwei völlig gegensätzliche Faktoren negativ, um so den Sachverhalt aus dem Zusammenhang hervorzuholen und für den Zuhörer plastisch vorstellbar zu machen (z.B. „Just-in-time-Produktion passt zu unserem Unternehmenskonzept genau wie figurbetonte Bademode zu einem Weight-Watchers-Treffen).

Die *Metapher* präzisiert Abstraktes durch bildliche Vergleiche (z.B. „Unser Gewinn ist zusammengeschmolzen wie ein Eisblock in der Wüste!"). Dies sorgt für ein größeres plastisches Verständnis beim Zuhörer.

Auf die Dramaturgie achten

Um die Aufmerksamkeit der Zuhörer zu gewinnen, können Sie Ihren Vortrag mit einer *Klimax* versehen. Das heißt, Sie orientieren sich an der Dramaturgie eines Films oder Theaterstücks und steigern die Spannung schrittweise bis zum Höhepunkt.

Es ist wichtig, dass Sie Ihr Publikum nicht dauerhaft unter Hochspannung setzen. Dies belastet Ihre Zuhörer und sie erkennen die Kernaussagen Ihres Vortrags nicht, da Sie alles extrem betonen. Vergleichbar ist eine solche Vorgehensweise mit einem Handout, auf dem Sie alle Buchstaben fett setzen. Das ist kontraproduktiv. Im Allgemeinen lässt sich die Klimax als Kunst der Verlangsamung auffassen. Sie setzt sich zusammen aus:

- Exposition,
- ansteigende Handlung,
- Plot Points,
- retardierendes Moment und
- Schluss.

Zunächst führen Sie in der *Exposition* auf das Thema hin. Sie geben eine kurze Einführung und zeigen die Bedeutung für die Zuhörer auf. Achten Sie hier auf die Wir- bzw. Ihr-Form (z.B. „Ohne die Einführung des SCM-Systems werden wir einen eklatanten Einbruch des Gewinns erleben. Das wird zu Massenentlassungen führen.“).

Im nächsten Schritt folgt die *ansteigende Handlung*, wobei Sie durch immer neu hinzutretende Konflikte die Handlung vorantreiben (z.B. Fakten, Argumente) und schließlich auf den Höhepunkt zusteuern (z.B. Argument 1: „Ohne SCM zu lange Lieferzeit“, Argument 2: „Zu schlechte Abstimmung mit Lieferanten“, Argument 3: ...).

Bei den *Plot Points* bauen Sie einen plötzlichen Konflikt (eine neue Wendung) ein, also einen Widerspruch zu Ihrem Konzept. Damit machen Sie sich scheinbar die Argumente der Gegenseite zu eigen und fangen an, diese zu zerlegen (z.B. Der Chef von Firma XY hat immer argumentiert: „Ohne SCM sparen wir … und das wiegt die Vorteile bei Weitem auf …; wisst ihr, welche Firma das war, das war Firma …, die letztes Jahr Konkurs anmeldete.“).

Dann folgt das *retardierende Moment*. Hier halten Sie als Redner (kurz vor der Katastrophe) noch einmal inne, Sie schauen zurück und fassen zusammen – kurzum: Sie spannen Ihr Publikum auf die Folter (z.B. „Denken Sie selbst darüber nach: Was sind die präsentesten betriebswirtschaftlichen Konzepte der letzten Jahre; Vergleichen Sie diese mit dem SCM-Konzept!“).

Zum *Schluss* folgt das stärkste Argument (z.B. „SCM hat den großen Vorteil für … und führt dann ergo zu …“). Sie stellen die Gemeinsamkeiten zwischen Ihnen und den Zuhörern fest (z.B. „Wir sitzen alle in einem Boot!“) und richten einen Appell an die Zuhörer (z.B. „Seien Sie sich Ihrer Verantwortung bewusst und helfen Sie uns, gemeinsam das SCM-Konzept erfolgreich umzusetzen!“).

Hände, Haltung und Augen einsetzen

Ihre Hände, Ihre Haltung und Ihre Augen müssen während eines Vortrags optimal zusammenspielen. Das Publikum nimmt diese *Körpersprache* sensibel und teilweise sogar unterbewusst wahr. Berücksichtigen Sie die folgenden Tipps.

Für Ihre *Hände* gilt:

- Umgreifen Sie nicht verkrampft das Rednerpult, denn das wirkt unsicher und nicht souverän.
- Lassen Sie Ihre Hände nicht baumeln, dies wirkt ungeschickt und sogar ungeschickt.
- Stecken Sie Ihre Hände nie in die Hosentaschen, das wirkt überheblich.

* Hände in den Hosentaschen wirkt überheblich.

Für Ihre *Haltung* gilt:

- Achten Sie – ähnlich wie beim Sport – auf eine gesunde Körperspannung. Zu viel Körperspannung wirkt allerdings bereits aggressiv, zu wenig lustlos.
- Vermeiden Sie schwankende Bewegungen, damit stören Sie die Konzentration Ihrer Zuhörer und wirken darüber hinaus unsicher.
- Sollten Sie im Stehen referieren: Verteilen Sie Ihr Gewicht auf beiden Beinen gleichmäßig.

✱ Schwanken wirkt unsicher und stört das Publikum.

Für Ihre *Augen* gilt: Richten Sie die Augen direkt auf Ihr Publikum, damit strahlen Sie Selbstsicherheit aus und erkennen Stimmungen im Publikum frühzeitig. Halten Sie Ihre Augen offen, das wirkt wach und begeisterungsfähig. Zur Hälfte geschlossene Augen hingegen drücken Langeweile und Gleichgültigkeit aus.

✱ Gut zu wissen!

Ein spezielles Konzept der Körpersprachenbildung ist das der *Kinesik*: Nonverbales Auftreten muss konform mit Inhalt und Persönlichkeit des Redners sein.

Vermeiden Sie also unbedingt einstudierte Gesten, wie zum Beispiel Angela Merkel, die häufig Ihre Hände vor dem Bauch zu einem Dreieck formt.

Wichtig ist, dass Ihre *Gestik* immer zu Ihren *Aussagen* passt. Vermeiden Sie also eine bloße Sprachrhythmusbewegung. Bei

- positiven Aussagen sind Ihre Hände auf Schulterhöhe,
- neutralen Aussagen auf Hüfthöhe und
- negativen Aussagen auf Höhe Ihrer Oberschenkel.

Die *Mimik* sollten Sie im Einklang zu Ihrer Gestik gestalten, wobei Sie Übertreibungen oder gar Grimassen vermeiden sollten.

* Ein gelungenes Zusammenspiel von offener Gestik und Mimik mit leicht angehobenen Mundwinkeln.

► Tipps für einen gelungenen Vortrag

Mit Lampenfieber umgehen

> **✱ Gut zu wissen!**
>
> Laut Definition ist *Lampenfieber* ein „Zustand großer Nervosität und innerer Anspannung bei Rednern oder Schauspielern vor öffentlichen Auftritten sowie bei Prüflingen vor Examina. Lampenfieber ist im Grunde eine normale Form der Erwartungsangst, die jedoch zu einer Blockierung des Erlebnisverlaufs führt."

Bei Lampenfieber strömt *Adrenalin* in Ihre Adern. Das hat durchaus seinen Sinn. Bereits in der Steinzeit trieb genau dieses Hormon Menschen auf der Jagd nach Mammuts zu Höchstleistungen an und mobilisierte auch die letzte Kraftreserve. Hochleistungssportler profitieren noch heute von dieser Körperreaktion. Aber gilt das auch für Sie als Redner?

Wie jeder Sportler sollten auch Sie trainieren! Spielen Sie die Vortragssituation im Kopf mehrmals durch – von der Begrüßung bis hin zum Schluss Ihrer Rede. Dies schafft *Routine* und *Ruhe*. Zudem ist es wichtig, dass Sie das Umfeld kennenlernen, besichtigen Sie im Vorfeld den *Vortragsraum* und verschaffen Sie sich einen Überblick, so finden Sie am Tag Ihres Vortrags ein vertrautes Ambiente vor.

Gegen Lampenfieber hilft auch eine *Generalprobe*, nachdem Sie Ihre Gliederung aufgestellt, das Manuskript verfasst und schließlich auch den Ablaufplan festgelegt haben. Wählen Sie dabei ein vertrautes Publikum, zum Beispiel Geschwister, Freunde oder Bekannte. Nutzen Sie geäußertes Feedback – auch wenn es kritisch ist – zur Korrektur Ihres Vortrags. Sie werden dann bemerken, dass Ihr Vortrag ein erstes Mal gut funktioniert hat und dass er auch ein zweites Mal ebenso gut funktionieren wird.

*** Gut zu wissen!**

Betreiben Sie eine *Ursachenanalyse* und suchen Sie nach dem Grund Ihres Lampenfiebers. Der kann zum Beispiel im Publikum (hierarchisch höhergestellte Personen) oder der Umgebung (großer Saal), den technischen Hilfsmitteln (unbekannter Beamer), aber auch am Redethema (neues Thema) selbst liegen. Nehmen Sie sich für die Ursachenanalyse Zeit und analysieren Sie die Gründe für Ihr Lampenfieber individuell.

Die Redefurcht überwinden

„Das einzige, was wir zu fürchten haben, ist die Furcht“, das wusste bereits Franklin D. Roosevelt. Das

Zitat passt auch auf Vortragssituationen. Denn die Furcht vor dem Reden, entsteht nicht aus der Redesituation selbst, sondern nur aus den Gedanken, die Sie sich darüber machen. Die folgenden Tipps helfen Ihnen dabei, Ihre Redefurcht abzubauen:

- Bereiten Sie sich auf die Rede gut vor. Nutzen Sie jede Redesituation – ob in kleinem oder größerem Kreis – als rhetorische Übung.
- Stellen Sie sich bereits bei der Generalprobe gedanklich die Situation des Ernstfalls vor (Antizipation). Freuen Sie sich auf Ihren Vortrag – denken Sie positiv. Lassen Sie sich durch Vertraute aufbauen („Das schaffst du schon").
- Prüfen Sie gegebenenfalls die technischen Präsentationsgeräte und die Mikrofonanlage. Bitten Sie, falls möglich, ein paar gute Kollegen, sich vorne hinzusetzen. Vertraute Gesichter geben Ihnen Sicherheit.
- Entspannen Sie sich vor dem Redebeginn, tun Sie nach Möglichkeit etwas anderes. Essen Sie nicht zu viel oder zu schwer vor Ihrer Rede.
- Atmen Sie vor Ihrer Rede tief, langsam und ruhig durch.
- Gehen Sie zielsicher und ruhig zum Pult oder Ihrem Platz, von dem aus Sie sprechen, und schauen Sie in die Runde. Sprechen Sie zu Beginn langsam und ruhig. Nutzen Sie technische Präsentationsmittel – zum Beispiel eine PowerPoint-Präsentation.
- Betrachten Sie Zunicker im Publikum als Verbündete und schauen Sie häufiger zu ihnen.

- Haben Sie keine Angst vor dem Steckenbleiben (siehe unten).

Mit dem Publikum interagieren

Ebenso wie das Publikum Ihre Körpersprache wahrnimmt, müssen Sie als Redner Stimmungen, Verhaltensweisen und Signale im Publikum sensibel aufnehmen. Gute Redner können das *Publikum lesen* und es sogar in die eine oder andere Richtung beeinflussen.

Um die Stimmungen der Zuhörer richtig zu lesen, müssen Sie sich in sie hineinversetzen. Sie müssen vom Standpunkt des Publikums her Ihre eigenen Inhalte reflektieren. Es gilt also

- nicht „Was nützt mir?“ oder „Was verstehe ich?“,
- sondern „Was will das Publikum?“

Sollte es während des Vortrags zu einer *Konfliktsituation* kommen, so müssen Sie einen *Win-win-Aspekt* in der Hinterhand haben. Denken Sie darüber bereits bei der Vorbereitung Ihres Vortrags nach.

- Entlocken Sie Ihrem Publikum Informationen, auch wenn dies in einem Frontalvortrag nur bedingt möglich ist.
- Stellen Sie Behauptungen auf.
- Polarisieren Sie.
- Übertreiben Sie.

Kurzum: Provozieren Sie Gegenfragen und locken Sie Ihr Publikum aus der Reserve. Formulieren Sie häufig in *Frageform*, das regt die Zuhörer zum Nachdenken an. Und: Lassen Sie sich durch eine *Gegenfrage* nicht aus Ihrem Konzept bringen. Es ist allerdings ratsam, dass Sie nur wenige Fragen während des Vortrags zulassen. Verweisen Sie bei zu vielen Fragen besser auf die Fragerunde nach dem Vortrag.

✱ Gut zu wissen!

Als Redner können Sie von Topverkäufern lernen. Verkäufer nutzen die Konzepte der

- Gegenfrage,
- Umformung und die
- Abschwächungsmethode.

Damit nehmen Sie Kritik schnell die Schärfe.

Wenn Sie mit einer *Gegenfrage* Wirkung erzielen möchten, sollten Sie genau auf die Formulierung achten. Sie zeigen beispielsweise Interesse durch die Frage „Kommt es bei Ihnen häufiger vor?“. Vermeiden sollten Sie hingegen „Ist es denn so?“ oder „Ist es denn nicht so?“.

Bei dem Konzept der *Umformung* wandeln Sie vom Zuhörer genannte Vorteile in augenscheinliche Nachteile um. Das Besondere an diesem Konzept ist, dass Sie dem Zuhörer scheinbar recht geben – und dadurch ein positives Gefühl bei ihm erzeugen – in Wirklichkeit ihm allerdings deutlich widersprechen, also im Sinne von „Sie haben ja Recht … andererseits sind allerdings ganz wesentliche Vorteile gegeben“.

Bei der *Abschwächungsmethode* nehmen Sie dem Zwischenfrager geschickt den Wind aus den Segeln, indem Sie der potenziellen Gefahr (oder dem Einwand) mit Gegenargumenten begegnen, also „das ist zwar in gewissem Maße …, aber der Gefahr können Sie leicht begegnen …“).

Bei allen genannten Konzepten widersprechen Sie dem Zuhörer nicht, sondern ergänzen oder schwächen ab. Das minimiert das *Konfliktpotenzial.*

Reaktion auf Zwischenrufe

Grundsätzlich gilt: Achten Sie darauf, dass Sie Ihren Vortrag möglichst störungsfrei halten können. Sollte es zu Zwischenrufen kommen, dann reagieren Sie souverän. Die Art der Reaktion ist dabei abhängig vom Inhalt.

- personenbezogene Zwischenrufe

  → weitersprechen

- themenfremde Zwischenrufe

  → wenn kurz möglich, antworten

  → wenn lang, auf Diskussion nach dem Vortrag verschieben: „Ihr Einwand ist treffend, gestatten Sie, dass wir später darauf eingehen?“

- unsachliche Zwischenrufe

  → kurz und schlagkräftig antworten, beispielsweise „Bedaure, ich habe keine Diskussion eröffnet!" oder „Entschuldigen Sie, Sie unterbrechen mich schon wieder!" oder „Ich respektiere Ihre Meinung, aber nicht in der Form, in der Sie diese vorbringen!"

  → Den Zwischenruf zunächst übergehen und die Antwort später, an passender Stelle einblenden.

  → An die Fairness des Zwischenrufers gegenüber den anderen Zuhörern appellieren.

Steckenbleiben

Ein nicht zu hastiges Redetempo und sinnvolle Redepausen reduzieren das Risiko des Steckenbleibens. Allerdings verheddern sich selbst geübte Redner einmal. Vier Tipps, die Ihnen helfen:

- Wenn Sie auf ein *Stichwort* stoßen, bei dem Sie nicht mehr wissen, was Sie dazu sagen wollten, lassen Sie es einfach weg. Ihr Publikum weiß nicht, was auf Ihren Stichwortkärtchen steht und merken daher nicht, wenn Sie etwas überspringen.
- Wenn Ihnen mitten im Satz ein Wort nicht einfällt, brechen Sie ab und fangen den Satz neu an. Vermeiden Sie das fehlende Wort und verwenden Sie kurze Sätze („Lassen Sie mich diesen Aspekt anders ausdrücken!").

- Fassen Sie den vorherigen Aspekt Ihres Vortrags kurz zusammen, um so den Einstieg wiederzufinden.

Und wenn nichts mehr hilft:

- Leiten Sie ohne ein Zeichen der Verlegenheit zum Schluss der Rede über.

Üben Sie!

Es fällt vielen Menschen in einem Vortrag schwer, Pausen zu setzen. Eine Übung schafft Abhilfe: Lesen Sie aus einer Zeitung oder einem Buch laut vor und setzen Sie nach jedem (!) Wort eine Pause. Wiederholen Sie diese Übung täglich zwei bis drei Mal je fünf Minuten. Nach einiger Zeit stellen Sie fest, dass Sie automatisch auch beim Sprechen Pausen setzen.

❹ Nachbereitung

Bewerten Sie sich selbst

Mit jedem gehaltenen Vortrag sammeln Sie Erfahrungen. Besonders bei Ihren ersten Vorträgen ist es ganz normal, dass Sie auch *Fehler* machen. Diese sollten Sie nach jedem Vortrag offen analysieren und bei der Vorbereitung des nächsten Vortrags berücksichtigen. Nur auf diese Weise optimieren Sie Ihre Vortragsleistung Schritt für Schritt.

✱ Gut zu wissen!

Besonders bei jungen Rednern lassen sich oft drei typische Fehler beobachten: der schlechte Einstieg, die verkomplizierte Vortragsweise (Fachchinesisch) und die fehlende Struktur. Achten Sie bei der Vorbereitung Ihres Vortrags unbedingt auf diese Punkte und lesen Sie bei Bedarf die entsprechenden Passagen in diesem Buch nach.

Bereiten Sie Ihren Vortrag mithilfe der folgenden beiden Konzepte nach:

- Checkliste
- Feedbackgespräch

Mithilfe einer *Checkliste* können Sie prüfen, ob Sie die Punkte, die eine gute Rede ausmachen, eingehalten haben. Dabei sollten Sie die folgenden Punkte berücksichtigen:

- kommunikative Logik
- Rezeption des Vortrags
- kritische Selbstreflektion
- Auftreten
- Redefluss
- Gestik
- Blickkontakt

- roter Faden
- Sprache und Ausdruck
- Sprechweise und Sprechtempo
- Umgang mit Einwänden und Unvorhergesehenem
- Hintergrundwissen

Auf den Folgeseiten finden Sie beispielhaft einige Checklisten, die Sie nach Belieben um Ihnen wichtige Punkte erweitern können. Verwenden Sie diese Checkliste nach jedem Vortrag! Sie werden sehen, dass diese Form der Nachbereitung schnell zum Ritual wird.

Während für Sie die Checkliste eine rein subjektive Form der Nachbereitung ist, bietet sich auch das objektivere Konzept der *Feedbackgespräche* an. Das Ergebnis ist in der Regel sehr aufschlussreich: Dritte decken Schwächen, aber auch Stärken Ihrer Rede auf, die Sie selbst verdrängen oder nicht sofort sehen.

Die Vorgehensweise: Nach einem Testvortrag oder einem Vortrag unter realen Bedingungen setzen Sie sich mit Ihren Zuhörern zusammen und bitten um eine fundierte Einschätzung. Dabei sollten Sie Spielregeln beachten:

- Lassen Sie Ihren Feedbackpartner aussprechen, akzeptieren Sie die Fremdwahrnehmung und verteidigen Sie sich nicht.
- Verstehen Sie das Feedback als Geschenk, unabhängig davon, ob es positiv oder negativ ist.
- Vermeiden Sie eine Konfrontation mit Ihrem Feedbackpartner und bleiben Sie passiv.

Lassen Sie sich bewerten

Fremdbewertung ist ebenfalls ein wichtiger Aspekt in der Rezeption Ihres Vortrages. Merken Sie sich eines: Kritik, wenn konstruktiv, soll Ihnen helfen und Sie nicht verletzen. Deswegen: Laden Sie sich ein Publikum Ihres Vertrauens in passende Räumlichkeiten ein und üben Sie mit Ihnen. Halten Sie Vorträge und lassen Sie sich bewerten, eventuell können Sie auch andere Präsentanten kritisieren, damit Sie ein Gefühl dafür bekommen, worauf Sie achten sollten.

Ein Tipp: Wenn das Publikum etwas größer ausfällt, sollten sich einzelne Personen auf einige der oben genannten wichtigen Kriterien beschränken und nur diese beim Vortragenden beobachten. So wird das Feedback zu Mimik, Gestik etc. qualitativer und intensiver. So können Sie auch daran arbeiten, Fehler in der Vortragsweise zu korrigieren und künftige Vorträge zu optimieren.

Checklisten

Kommunikative Logik

	trifft nicht zu	trifft eher nicht zu	trifft eher zu	trifft vollkommen zu
Aufhänger zum Einstieg vorhanden?	☐	☐	☐	☐
Interesse durch Kommunikation und Rhetorik geweckt?	☐	☐	☐	☐
Publikum aktiviert?	☐	☐	☐	☐
Argumentationsschema (These/Antithese-Begründung-Beispiel-Synthese) eingehalten?	☐	☐	☐	☐
Thema dem Publikum verständlich erklärt?	☐	☐	☐	☐
Adressatenorientierung (Schwierigkeitsgrad dem Niveau der Zuhörer angepasst)?	☐	☐	☐	☐
An Erfahrungshorizont der Zuhörer angepasst?	☐	☐	☐	☐
Zeitrahmen eingehalten?	☐	☐	☐	☐

Rezeption des Vortrags

	trifft nicht zu	trifft eher nicht zu	trifft eher zu	trifft vollkommen zu
Zunicken aus dem Publikum?	☐	☐	☐	☐
Interessierte Rückfragen?	☐	☐	☐	☐
Publikum zu keinem Zeitpunkt gelangweilt?	☐	☐	☐	☐

Selbstreflexion Redner (kritische Selbsteinschätzung)

	trifft nicht zu	trifft eher nicht zu	trifft eher zu	trifft vollkommen zu
Kritisch?	☐	☐	☐	☐
Insgesamt gelungen?	☐	☐	☐	☐
Wille zur Verbesserung?	☐	☐	☐	☐
Aufgetretene Probleme?	☐	☐	☐	☐

Auftreten

	trifft nicht zu	trifft eher nicht zu	trifft eher zu	trifft vollkommen zu
Souveränität ausgestrahlt?	☐	☐	☐	☐
Überzeugende, selbstbewusste, stabile Körperhaltung?	☐	☐	☐	☐
Blickkontakt zum Publikum gehalten?	☐	☐	☐	☐
Offene Haltung?	☐	☐	☐	☐
Natürliche Gestik und Bewegung?	☐	☐	☐	☐
Position zum Publikum?	☐	☐	☐	☐

Redefluss

	trifft nicht zu	trifft eher nicht zu	trifft eher zu	trifft vollkommen zu
Durchgehend, ohne Aussetzer?	☐	☐	☐	☐
Mit Nachdruck und Betonung?	☐	☐	☐	☐

Gestik

	trifft nicht zu	trifft eher nicht zu	trifft eher zu	trifft vollkommen zu
Im positiv-neutralen Bereich?	☐	☐	☐	☐
Unterstreicht die Aussage?	☐	☐	☐	☐

Blickkontakt

	trifft nicht zu	trifft eher nicht zu	trifft eher zu	trifft vollkommen zu
Jeder fühlt sich angesprochen?	☐	☐	☐	☐
Vortrag möglichst frei gehalten?	☐	☐	☐	☐
Alle Teilnehmer im Blick?	☐	☐	☐	☐

Roter Faden

	trifft nicht zu	trifft eher nicht zu	trifft eher zu	trifft vollkommen zu
Dialektisches Argumentationsschema eingehalten?	☐	☐	☐	☐
Zielorientierte Einzelargumente verwendet?	☐	☐	☐	☐
Gesamtzusammenhang hergestellt?	☐	☐	☐	☐

Sprache und Ausdruck

	trifft nicht zu	trifft eher nicht zu	trifft eher zu	trifft vollkommen zu
Verständlich in Satzbau und Wortwahl?	☐	☐	☐	☐
Sicher im Ausdruck?	☐	☐	☐	☐
Kurze Sätze?	☐	☐	☐	☐
Frei formuliert?	☐	☐	☐	☐
Treffender Gebrauch der Fachsprache?	☐	☐	☐	☐
Ausdrucksvermögen variationsreich und differenziert?	☐	☐	☐	☐

Sprechweise und -tempo

	trifft nicht zu	trifft eher nicht zu	trifft eher zu	trifft vollkommen zu
Angemessen und flexibel in Lautstärke und Betonung?	☐	☐	☐	☐
Angemessenes Tempo?	☐	☐	☐	☐
Dynamisch?	☐	☐	☐	☐
Laut genug für letzte Reihe?	☐	☐	☐	☐

Langsam und ausgeglichen?	☐	☐	☐	☐
Ausreichend Sprechpausen?	☐	☐	☐	☐
Gute Pausentechnik, sinnvoller Einsatz?	☐	☐	☐	☐
Deutlich artikuliert?	☐	☐	☐	☐
Dehnlaute („ääh“, „aah“, „hmm“) weggelassen?	☐	☐	☐	☐
Modulation (Wechsel der Tonhöhe) eingesetzt?	☐	☐	☐	☐

Umgang mit Einwänden und Unvorhergesehenem

	trifft nicht zu	trifft eher nicht zu	trifft eher zu	trifft vollkommen zu
Souveräner Umgang mit Fragen?	☐	☐	☐	☐
Begründete Einschätzungen?	☐	☐	☐	☐
Flexibilität im Dialog?	☐	☐	☐	☐
Eingehen auf Nach- und Verständnisfragen?	☐	☐	☐	☐

Hintergrundwissen

	trifft nicht zu	trifft eher nicht zu	trifft eher zu	trifft vollkommen zu
Fundiert und umfangreich?	☐	☐	☐	☐
Differenzierte Detailkenntnisse?	☐	☐	☐	☐
Problembewusstsein überzeugend?	☐	☐	☐	☐
Begründete Einschätzungen?	☐	☐	☐	☐

■ Das direkte Gespräch

Das direkte Gespräch ist aus dem Berufsleben nicht wegzudenken. Beispiele sind das Gespräch mit einem Kollegen, dem Chef oder aber einem Lieferanten bzw. Kunden. Es bereitet nicht nur schüchternen Redetypen regelmäßig Bauchschmerzen, besonders dann, wenn es konfliktreich oder sogar emotional geführt wird. In → Teil 3 des Buches lernen Sie hilfreiche *Gesprächstechniken* kennen, erhalten viele Tipps und Kniffe, die Ihnen dabei helfen, im direkten Gespräch erfolgreich Ihre Interessen durchzusetzen und sich auch bei Gegenwind zu behaupten.

Den Dialog suchen, Monologe vermeiden

Was unterscheidet eigentlich das direkte Gespräch von einem Vortrag?

Beim Vortrag (*Monolog*) wenden Sie sich direkt an ein Publikum, von dem Sie kein oder nur ein unbestimmtes Feedback erhalten – zum Beispiel in Form von Kopfnicken oder Klatschen. Durch Suggestion können Sie die Meinung Ihrer Zuhörer sanft in eine Richtung bewegen – denken Sie dabei an die dialektische Anordnung und die Steigerung der Wertigkeit Ihrer Argumente. Die Aufmerksamkeit Ihres Publikums müssen Sie dabei stets aufrechterhalten und Sie müssen die Mimik und Gestik des Publikums deuten.

Beim direkten Gespräch (Dialog) erhalten Sie nicht nur dieses nonverbale Feedback von Ihrem Zuhörer. Er reagiert sogar direkt auf Ihr Verhalten. Die Interaktion gewinnt deutlich an Bedeutung. Sie können dem direkten Gespräch im Vorfeld deutlich weniger Struktur als beim Vortrag geben. Es gibt keinen klar definierten Fahrplan. Vielmehr müssen Sie sich stets flexibel an das Verhalten Ihres Gesprächspartners anpassen.

Ruhe in ein Gespräch bringen

Direkte Gespräche können konfliktgeladen und ein wahrer Schlagabtausch von Argumenten sein. Lassen Sie sich davon allerdings nicht verunsichern. Es gibt zahlreiche Gesprächstechniken, die Sie je nach Gesprächssituation einsetzen können, um sich Ruhe zu verschaffen oder sogar Gegenangriffe Ihres Gesprächspartners zu unterbinden. Dazu zählen

- die Pause als Vorwurf,
- die abrupte Wortpause,
- die Überraschende-Pausen-Technik,

- die Alternativ-Antwort und
- der Bluff mit Fremdwörtern.

Die *Pause als Vorwurf* setzen Sie ein, um *unangemessene Forderungen* zu umgehen. Wird eine solche an Sie gerichtet, warten Sie einfach ab, bis der Gesprächspartner wieder das Wort ergreift. Darauf stellen Sie eine offene Frage im Stile von „Welche Informationen benötigen Sie noch?"

Die *abrupte Wortpause* können Sie als Gegenmaßnahme gegen Unterbrechungen einsetzen. Besonders in größeren Gesprächsrunden können diese Unterbrechungen zu einem hohen Geräuschpegel führen und dazu, dass Sie Ihr Argument nicht zu Ende führen können – wählen Sie nach der Pause einen Satz wie „Entschuldigen Sie bitte vielmals, dass ich sprach, bevor Sie redeten!"

Durch die *Überraschende-Pausen-Technik* erzeugen Sie Spannung. Sie heben am Ende Ihres Satzes die Stimme – ansonsten ist es üblich, die Stimme am Satzende eher zu senken.

Bei der *Alternativantwort* antworten Sie nicht direkt auf eine Frage, sondern stellen zum Sachverhalt eine Alternative dar – sprich: Sie lenken vom Thema ab. Fragen wie „Was ist der Hintergrund ...?" und „Welche Erfahrungen haben Sie ...?" helfen Ihnen dabei.

Eine weitere Methode, um Ruhe in ein Gespräch zu bekommen, ist der *Bluff mit Fremdwörtern*. Verwenden Sie allgemein bekannte Fremdwörter und fragen Sie beim Gesprächspartner nach, ob er diese verstanden hat. Dies wird er vehement bestätigen. In der Folge verwenden Sie spezifischere und komplexere Fremdwörter. Der Zuhörer vermeidet dann, regelmäßig bewusst nachzufragen. Allerdings sollten Sie sich darauf vorbereiten, dass der Zuhörer doch nachfragen könnte.

Mimik, Gestik und Kinesik

Im Gespräch entscheidet nicht nur das gesprochene Wort, auch die Mimik, Gestik und Kinesik – also die Körpersprache – sind bedeutend.

Im direkten Gespräch sollten Sie die Wirkung der Mimik auf keinen Fall unterschätzen, da Ihr Gegenüber jede Regung auf Ihrem Gesicht bewusst und unterbewusst wahrnimmt. Machen Sie sich klar, dass Sie durch Ihre Mimik eine bestimmte Aussage auf unterschiedliche Weise kommunizieren können – zum Beispiel positiv oder negativ.

✱ Gut zu wissen!

Im Verkaufsgespräch können Sie durch eine wohlwollende Mimik Ihren Kunden zum Sprechen auffordern und so Kundenwünsche leichter in Erfahrung bringen.

Eine *neutrale Mimik* wird umgangssprachlich auch als *Pokerface* bezeichnet. Damit verschleiern Sie Ihre eigene Haltung. Die konkrete Absicht hinter Ihren Aussagen kann Ihr Gegenüber nicht erkennen. Eine *skeptische Mimik* hilft dabei, Ihren Gesprächspartner zu verunsichern, zum Beispiel durch ein Stirnrunzeln kombiniert mit einem leichten – nicht zu deutlichen – Kopfschütteln. Mit einer *hochnäsigen Mimik* machen Sie einen unsicheren Gesprächspartner klein, einen sicheren hingegen reizen Sie. Dadurch drücken Sie klar aus, dass Sie von den Ausführungen nichts halten.

Neben der Mimik kann Sie auch die *Gestik* im direkten Gespräch unterstützen, meist spielt beides sogar zusammen. Auch durch die Gestik können Sie Aussagen in ihrer Wirkung beeinflussen. Sie arbeiten dabei mit Hand- und Kopfbewegungen. Aber Vorsicht: Achten Sie unbedingt darauf, dass Ihre Gestik synchron mit dem ist, was Sie ausdrücken möchten.

✱ Gut zu wissen!

Wenn Sie den Kopf ruckartig erheben oder senken, verdeutlichen Sie die Wichtigkeit Ihrer Aussage. Gehen Sie mit Gesten aber dosiert um, Ihr Gesprächspartner kann sie auch als Arroganz werten.

Das Konzept der *Kinesik* geht auf die Gestik und Mimik – also die Verständigung ohne Sprache – ein. Dieses Konzept kann dabei helfen, ein Gespräch in eine gewünschte Richtung zu lenken. Ein Beispiel: Sie strahlen durch verschränkte Arme und eine neutrale Mimik Unsicherheit aus, auch wenn Sie sich nicht unsicher fühlen. Dadurch gaukeln Sie Ihrem Gesprächspartner

Schwäche vor. Im Gegenzug fühlt er sich sicher und wird erzählfreudiger. Dadurch erkennen Sie einfacher seine Einstellung und Motivation.

* Der Gelangweilte nimmt oft eine zurückgelehnte Haltung ein.

Dimensionen der Körpersprache

Die wichtigsten Elemente der Körpersprache und wie Sie sie nutzen können:

Mimik

Gesichtsausdruck und Mienenspiel spiegeln meist unbewusst Ihre momentane Stimmung und Einstellung dem Kunden und Ihrem Beruf gegenüber wider. Blicken Sie abweisend, gelangweilt oder verärgert, wirkt das auf den Kunden wie eine kalte Dusche: Seine Kauflust wird nicht gerade angeregt. Lernen Sie daher, Ihre

Mimik zu beherrschen, und blicken Sie stets offen und freundlich. Auch ein natürliches Lächeln ist der beste Weg, die Kauflust des Kunden zu heben.

Augen

Halten Sie stets Blickkontakt zum Kunden. Ein klarer, offener und aufmerksamer Blick wird seine positive Wirkung auf den Kunden nicht verfehlen, während ein unruhiger oder verschlossener Augenausdruck vielen Kunden unangenehm ist. Das gilt noch mehr, wenn Sie den Kunden anstarren, überhaupt nicht anschauen bzw. den Blick ständig schweifen lassen.

Gesten

Das gesprochene Wort kann noch durch Gesten unterstrichen werden. Sie erzielen jedoch nur dann den gewünschten Eindruck, wenn sie sparsam angewendet werden. Sparen Sie sich übertriebenes Gestikulieren, und überlassen Sie die theatralischen Handbewegungen den Schauspielern!

Haltung

Ihre Haltung sagt viel über Ihre Einstellung zum Beruf und zum Kunden aus. Sie sollte sicher und ungezwungen sein und deutlich zum Ausdruck bringen, dass Sie gern für den Kunden da sind. Betonte Lässigkeit ist ebenso schlecht wie übertriebenes Dienern.

Hände

Und wo gehören die Hände hin? Am besten halten Sie die gebeugten Arme seitlich an der Hüfte oder legen die Hände ungezwungen vor dem Unterkörper bzw. hinter dem Gesäß übereinander, Arme niemals vor der Brust verschränken. Auch beide Hände niemals gleichzeitig in die Hosentaschen stecken.

Kleidung

Kleider machen Leute! Achten Sie bei der Kleidung – dazu gehört auch der Schmuck – vor allem darauf, dass diese unaufdringlich ist und nicht die Aufmerksamkeit von Ihrer Person ablenkt.

Das Gespräch zielgerichtet gestalten

Wichtig ist: Treten Sie sicher auf! Das gilt auch dann, wenn Sie auf unbekanntem Terrain sind, zum Beispiel bei einem Kunden oder auf einer Messe. Schließlich wollen Sie Ihr Gegenüber überraschen und seine Erwartungen übertreffen. Denken Sie daran, dass sich der Gesprächsverlauf auch hier in

- Einleitung,
- Hauptteil,
- Abschluss und
- Ergebniskontrolle

unterteilt.

Bei der *Einleitung* ist Ihre Eigeninitiative gefragt. Sie müssen schnell in einen Redefluss kommen und Ihren Zuhörer fesseln und ihn von Ihrer Sache überzeugen (z.B. „Wir sind Marktführer! Das sind wir ... Argument 1, 2, 3.“). Wie bei der Rede müssen Sie Ihren Zuhörer auch beim direkten Gespräch neugierig machen. Der Unterschied ist allerdings, dass Ihr Gegenüber Ihnen durchaus Zwischenfragen stellen kann. Durch Ihren konsequenten Redefluss können Sie allerdings versuchen, solche Zwischenfragen in der Einleitung zu unterbinden, indem Sie keinen Zweifel an Ihrer Sache aufkommen lassen. Dennoch sollten Sie auf Zwischenfragen vorbereitet sein, denn das Ziel Ihrer Einleitung ist es, das Vertrauen des Zuhörers zu gewinnen.

Im *Hauptteil* müssen Sie nun die wesentlichen Fakten herausfiltern. Hier wird und soll der Zuhörer nun einhaken, seine Befindlichkeiten darlegen, und auf einzelne Inhalte Ihrer Rede reagieren. Denken Sie dabei immer an Ihr Ziel: Sie wollen Ihr Gegenüber ergründen und genau wissen, was ihn interessiert. Darauf müssen Sie sich fokussieren. Sollten die Interessen Ihres Zuhörers anders liegen, als Ihre eigenen, so müssen Sie sich dennoch spontan darauf einstellen und Ihre Interessen mit denen des Zuhörers verbinden. Auch wenn im Hauptteil ein reger Dialog stattfindet, so müssen Sie beim Abschluss wieder die Initiative ergreifen und die wichtigsten Fakten des Gesprächs zusammenfassen. Wie ein Verkäufer können Sie Ihr Gegenüber gerade in dieser Phase durch starke Argumente gewinnen, denn da zuvor ein Dialog stattfand, kennen Sie die Interessen des Zuhörers genau und können diese in Ihre Zusammenfassung miteinbinden. Das ist manchmal nicht einfach, verlieren Sie dennoch nicht den Faden, sondern argumentieren Sie stets konsequent.

Nach dem Gespräch sollten Sie auch hier nicht die *Ergebniskontrolle* vergessen: Arbeiten Sie die Stärken und Schwächen Ihrer Vorgehensweise heraus und suchen Sie nach Optimierungspotenzial, nur so können Sie von Gespräch zu Gespräch besser werden.

Mit dem Gesprächspartner interagieren

Vermeiden Sie standardisierte Vorgehensweisen. Sie müssen im direkten Gespräch schnell erkennen, welcher Typus von Redner Ihnen gegenübersteht und in welcher Stimmung er sich befindet. In diesem Abschnitt lernen Sie unterschiedliche Typen kennen. Im Zuge dessen werden auch in Kürze die Grundlagen der Neurolinguistischen Programmierung (NLP) vorgestellt, sie kann Ihnen gerade im direkten Gespräch gute Dienste leisten.

Die Klassifizierung der einzelnen Typen wird hier am Beispiel von Kundentypen vorgenommen. Diese lassen sich allerdings leicht auf Gesprächspartner übertragen. Es lassen sich hier

- unsichere,
- gesprächige,
- verschlossene,

- anmaßende und
- eitle

Personen unterscheiden.

Der *Unsichere* macht sich bemerkbar durch schüchterne und unklare Äußerungen. Sie müssen diesen Typen „an die Hand nehmen“, ihm viel Anerkennung zukommen lassen und vor allem höflich sein.

Der *Gesprächige* reißt hingegen gerne das Wort an sich. Hier müssen Sie Vorsicht walten lassen, dass Ihnen das Gespräch nicht entgleitet und dass Sie Ihre Inhalte in Ruhe vermitteln können. Sie müssen sich bei dem Gesprächigen auf das Wesentliche beschränken und ein Abschweifen unbedingt verhindern.

Der *Verschlossene* zeichnet sich dadurch aus, dass er weitgehend passiv bleibt. Häufig antwortet er nur sehr knapp mit „ja“ oder „nein“. Das macht es Ihnen besonders schwer, die Befindlichkeiten des Verschlossenen aufzudecken. Sie sollten hier deswegen wiederholt nachfragen und durch eine geschickte Gesprächsführung die relevanten Inhalte eingrenzen und so versuchen, zum Verschlossenen vorzudringen.

Der *Anmaßende* ist laut und besitzergreifend. Bei diesem Gesprächspartner müssen Sie geduldig sein und sich auch auf das Wesentliche beschränken. Verlieren Sie nie die Ruhe, stoßen Sie aber auch nicht in das gleiche Horn.

Der *Eitle* fällt durch große Gebärden auf. Ihn gewinnen Sie allerdings leicht – durch gezielte Komplimente und Schmeichelei.

✱ Gut zu wissen!

Ein tiefergehendes Konzept, Personentypen zu identifizieren und angemessen auf sie zu reagieren, bietet die *Neurolinguistische Programmierung* – kurz NLP: Hier müssen Sie jedes Muskelzucken Ihres Gegenübers deuten, interpretieren und geeignete Maßnahmen wählen, so genannte Verhaltenstaktiken. Mehr zum Thema finden im Sie im Exkurs im Kapitel „Kundengespräch" auf → S. 160.

In der Folge lernen Sie einige wichtige Gesten, deren Deutungen und geeignete Maßnahmen für die Haltungen

- Unzufriedenheit,
- Sicherheit und
- Langeweile

kennen.

Der *Unzufriedene* wendet sich in Gesprächen ab (er weicht aus) und spielt an sich herum (drückt Unsicherheit aus). *Sicherheit* drückt sich durch locker überkreuzte Beine und Öffnen des Mundes aus, während der andere noch spricht. Der *Gelangweilte* sitzt weit zurückgelehnt oder sogar mit dem Kopf auf den Handflächen aufgestützt.

Reaktionsmöglichkeiten des Redners sind unter anderem: Sympathie erzeugen, indem er am Anfang Distanz wahrt und diese immer kleiner werden lässt, das symbolisiert die zunehmende Vertrautheit, die im Gespräch entstanden ist.

Ein Gefühl von Offenheit kann der Redner auch vermitteln, indem er dem Gesprächspartner nicht direkt gegenüber, sondern im Winkel zu ihm sitzt.

Vertrauen aufbauen kann er, indem er selbst Ruhe ausstrahlt, sich Zeit lässt und nicht hektisch wird. Er überzeugt durch Souveränität.

Gesprächstechniken und nonverbale Elemente nutzen

Gespräche laufen nicht immer linear und es kann einem schnell passieren, dass man auf eine private oder erzählende Ebene abrutscht, die vom eigentlichen Geschäftsgespräch wegführt. Ebenso kann es passieren, dass sich das Gespräch in eine Richtung entwickelt, die sich von Ihrem eigentlich intendierten Ziel entfernt. Dass sich solche Situationen entwickeln, ist völlig normal und es besteht kein Grund, deswegen in Panik zu verfallen. Die folgenden Techniken helfen Ihnen, die Konversation auf ihrem Kurs zu halten oder sie wieder in die gewünschte Richtung zu lenken.

Seien Sie deutlich

Präzision und Einfachheit bieten eine solide Basis für das Gespräch. Den Fachjargon zu beherrschen ist zweifelsfrei eine nicht abzusprechende Qualität, doch nicht jeder Geschäftspartner beherrscht ihn vollständig. Wenn nötig, dann erklären Sie einen bestimmten Begriff und/oder ersetzen Sie ihn für die weitere Dauer des Gesprächs durch einen geläufigeren. Vermeiden Sie zudem zu weite Ausschweifungen und Anekdoten, denn zielführende und direkte Aussagen sind leichter fassbar als Pointen und beugen Missverständnissen vor.

Strukturieren Sie

Selbst wenn Ihnen vorab Ihr Gesprächspartner unbekannt ist, hilft es immer, sich eine Struktur bereitzulegen. Wenn Sie ein geistiges Skript für das bevorstehende Gespräch entwickeln, können Sie Ihre Argumente besser und deutlicher vortragen, sind Sie in jedem Falle vorbereitet und daher weniger nervös. Zudem sind Sie so überzeugender. Doch Vorsicht: Versteifen Sie sich nicht auf Ihren Plan und erlauben Sie kleinere Ausschweifungen, ansonsten wirken Sie verkrampft. Es geht nicht darum, sich akribisch an ein Konzept zu halten. Vielmehr ist es wichtig zu wissen, wie Sie an Ihr Ziel kommen möchten.

Paraphrasen nutzen

Wiederholungen durch Umschreibungen tragen zum Verständnis bei. Wie auch beim Lernen gilt: Man hat einen Sachverhalt erst dann begriffen, wenn man ihn in anderen Worten ausdrücken kann. Deswegen können Umschreibungen des selbst Gesagten und auch der Aussagen Ihres Partners dem Verständnis beider Parteien helfen. Wenn Sie beispielsweise die Erklärungen Ihres Partners paraphrasiert wiedergeben, kann er dadurch ebenfalls kontrollieren, ob er sich verständlich ausdrücken konnte.

Zuhören

Sie befinden sich im Dialog mit mindestens einer weiteren Person, deswegen ist es wichtig, dass das Gespräch nicht zu einem Monolog ausartet. Lassen Sie auch Ihren Partner zu Wort kommen und sich möglichst vollständig erklären. Wenn Sie fürchten, sich nicht alle Dinge direkt merken zu können, dann machen Sie sich Notizen. Bei dringenden Zwischenfragen sollten Sie als Zuhörer allerdings nicht einfach unterbrechen, sondern zumindest durch ein Handzeichen signalisieren, dass Sie an dieser einen kritischen Stelle einschneiden möchten. Versuchen Sie jedoch, solche Unterbrechungen zu vermeiden.

Stellen Sie Fragen

Fragen zu stellen signalisiert Ihrem Gegenüber, dass Sie an dem Gespräch interessiert sind, ihm folgen und seine Äußerungen nicht einfach an Ihnen vorbeigingen. Dieses Bewusstsein ist nicht unerheblich für ein angenehmes Gesprächsklima. Rück- und Verständnisfragen sind wichtig, keine Scheu! Doch auch zielorientierte Fragen, die Sie zu Beginn oder während des Gesprächs in den Raum stellen, sind hilfreich. Jene Fragen können im Gespräch gemeinsam evaluiert und beantwortet werden und sind einer Diskussion zugänglicher als aufgestellte Behauptungen.

Visualisieren Sie

Nutzen Sie Möglichkeiten, Dinge zum besseren Verständnis anzuzeichnen. In Frage kommen Flipcharts, Tafeln, Projektoren, Präsentationen usw. Schon die kleinste Skizze kann einen komplizierten Sachverhalt verständlicher darstellen und eine langwierige Erklärung zu einer Sache von einer Minute kürzen. Während des Gesprächs erstellte Zeichnungen haben nicht den Anspruch, besonders hübsch zu sein, sondern vielmehr schlicht, funktional und zweckdienlich.

Ich-Botschaften gezielt nutzen

Geben Sie Ihrem Gegenüber ein Gefühl von Sicherheit, indem Sie sich selbst in Ihre Aussagen einbringen. Es wirkt seriöser, wenn Aussagen fallen wie „Ich bin der Meinung …“ oder „Ich kann garantieren …“. Denn dann nehmen Sie die Rolle des Garanten ein und der Verdacht entfällt, dass leere Versprechungen gemacht werden könnten. Dadurch werden Sie zum vertrauenswürdigen Ansprechpartner für die Belange, die im Gespräch gefallen sind.

Setzen Sie sich ein

Ihre Sprache ist ein wichtiges Mittel, doch Sie können ein Gespräch durch ein korrektes Auftreten souveräner gestalten. Setzen Sie Ihre Stimme, Ihre Gestik und Mimik ein. Dieser Einsatz sollte natürlich zum Gesprächsthema passen. Ihre Persönlichkeit sollte souverän zum Ausdruck kommen. Wenn Sie eine Präsentation halten, dann steht nicht nur der Inhalt im Fokus, sondern Sie. Deswegen: Sprechen und präsentieren Sie sich und den Inhalt so, wie Sie sich dabei am wohlsten fühlen. Ein souveräner Sprecher bringt Inhalte deutlicher zum Ausdruck als ein unsicher wirkender, der sich für eine Präsentation verstellt. Das bedeutet, dass auch unkonventionelle Methoden erfolgreich sein können, wenn sie überzeugen.

Pausen richtig setzen

Pausen sind ein wichtiger Aspekt in Gesprächen. Geben Sie sich und Ihrem Gegenüber nach längeren oder intensiveren Phasen die Gelegenheit, das Gesagte zu fassen und zu verarbeiten. Einerseits sind Pausen eine gute Gelegenheit, um von der Geschäftsebene auf eine sozialere Ebene zu wechseln und zur Lockerung etwas Smalltalk zu führen. Hat sich das Gesprächsklima etwas aufgeheizt, dann ist eine kurze Pause eine gute Möglichkeit, es wieder abkühlen zu lassen. Diese können Sie ganz leicht einleiten, indem Sie Ihrem Partner noch ein Getränk oder Ähnliches anbieten. Im Anschluss können Sie, je nach Dauer der Pause, die jeweiligen Positionen der Parteien noch einmal reflektieren, zusammenfassen und neu in das Gespräch einsteigen.

Ein (Zwischen-)Fazit ziehen

Wenn Sie im Gespräch einen Punkt erreicht haben, an dem Sie beide ins Stocken geraten oder einfach bereits viel gesagt wurde, dann kann es vorteilhaft sein, ein Resümee zu ziehen. Was haben Sie und Ihr Partner bisher erreicht und haben Sie sich von Ihren gemeinsamen Zielen entfernt? Diese Methode kann helfen, den Blick wieder auf das Wesentliche zu lenken und alle Parteien an das gemeinsame Ziel zu erinnern.

Sich sozial zeigen

Bei einem Gespräch ist vor allem eines wichtig: der soziale Aspekt. Vergessen Sie nicht, dass Sie als Mensch mit anderen Menschen interagieren. Wenn Sie nicht gerade ein Krisengespräch führen, können Sie sich auch einmal humorvoll zeigen und an angemessener Stelle einen *Witz* über sich selbst oder die Laster des Alltags machen. In der Regel sammeln Sie dadurch Sympathiepunkte und das Gespräch wirkt weniger kalt und steif. Sehen Sie jedoch davon ab, Ihr Gegenüber zum Gegenstand des Witzes zu machen. Das kann schnell falsch aufgefasst werden. Übertreiben Sie es außerdem nicht mit den Witzen, denn ansonsten leider Ihre Seriosität darunter. Der passendste Augenblick für eine humorvolle Aussage ist die Pause oder die Begrüßung, wobei Sie während der Pause bereits ein Gefühl für Ihren Gesprächspartner haben sollten. Beim eigentlichen Geschäftsgespräch ist es ratsam, davon abzusehen.

Manipulationstechniken kennenlernen

Im folgenden Abschnitt geht es um Strategien für das direkte (Streit-)Gespräch. Hier wird öfter mit harten Bandagen gekämpft: Wie zwinge ich den Gegner zu Fehlern, wie bringe ich ihn zum Abbruch, wie lasse ich ihn schlecht aussehen? Kurzum: Es geht darum, wie Sie sich – jenseits des Inhalts – durch angewandte Rhetorik Vorteile verschaffen. Dabei sollten Sie den *aktiven* Part (Wie präsentiere ich meine Inhalte am besten?) und den *passiven* Part (Wie störe und verunsichere ich als Zuhörer den Gegner?) unterscheiden.

Die *Mimik* spielt hierbei eine außerordentlich wichtige Rolle. Sie beginnen stets mit einer freundlichen Mimik, die sich langsam „verdüstert", Sie legen also die Stirn in Falten, lassen Ihre Gesichtszüge nach unten fallen oder verschränken sogar die Arme vor der Brust. Alleine wenn Sie in dieser ablehnenden Haltung nur dasitzen und sonst keinerlei Regung zeigen, machen Sie Ihr Gegenüber bereits nervös.
Im Falle eines Verkaufsgesprächs sieht Ihr Gegenüber sein Geschäft alleine durch Ihre Haltung gefährdet und bietet Ihnen ein Entgegenkommen an, um überhaupt noch zum Abschluss zu kommen. Nun können Sie die verunsicherte Lage nutzen und Bestandteile des Produkts als „zu teuer" oder „beim Wettbewerber deutlich günstiger" bezeichnen und Rabatte fordern.

Sie können die Verunsicherung sogar noch verstärken und über *visuelle Faktoren* die Konkurrenz verdeutlichen, indem Sie beispielsweise Produkte der Konkurrenz auf den Tisch legen oder das Schreiben eines Anwalts auf dem Tisch zurechtrücken. Daneben kann auch das Herstellen von „zufälligen" *Gruppengesprächen* die Verunsicherung steigern, etwa wenn Sie eine weitere Person mit Expertise hinzuziehen und diese Ihre Position bekräftigt.

Auf *verbaler Ebene* gibt es die Methoden

- des „Nochmals-zusammenfassen-lassen",
- des Provozierens,
- des Hindernisrennens und
- des Aufdeckens von Widersprüchen,

die Sie kennen sollten. Allen Methoden ist gemein, dass sie den Gegner in Zugzwang und damit zum Reden und oft auch zu Fehlern zwingen.

Die Methode, den Gegner das eben Gesagte *nochmals zusammenfassen zu lassen*, zielt darauf ab, dass er Ihnen dadurch Angriffsfläche bieten soll. Sie haben Ihr Ziel genau dann erreicht, wenn Ihr Gegenüber Fehler hinsichtlich Reihenfolge, Richtigkeit etc. macht.

Beim Einsatz von *Provokationen* greifen Sie den Gegner auf der Beziehungsebene an und entschuldigen sich dann ganz „erstaunt". Sie wollen ihn dadurch zu Fehlern zwingen, er soll außerstande sein, richtig zu urteilen, und affektiv handeln.

Beim *Hindernisrennen* stellen Sie hingegen erst irgendeine Maximalforderung auf und deklarieren diese als unumstößlich. Dann machen Sie per Salamitaktik Zugeständnisse – ähnlich wie beim Feilschen, bei dem der Käufer/Verkäufer mit einem möglichst niedrigen/hohen Betrag einsteigt. Diese Vorgehensweise ist besonders wirksam, wenn man mehreren unentschlossenen oder zerstrittenen Gegnern gegenübersteht. Diese könnten den Forderungen nur noch mit Extremmaßnahmen entgegenwirken, was aber Einigkeit erfordert. Für dieses Konzept gibt es zahlreiche Verstärker, wie das *Gerüchtestreuen* zwischen den einzelnen Verhandlungspartnern oder das Ausspielen gegeneinander. Auch das *künstliche Schaffen von Verhandlungsspielraum* ist eine Taktik (z.B. einzelne Punkte künstlich erweitern, wie „nachweislich entstandene Kosten“).

Schließlich gibt es noch das Konzept *Widersprüche aufdecken*. Hier lassen Sie den Gegner zunächst reden. Er liefert Ihnen dadurch eine „Breitseite“. In der Folge können Sie das Gesagte wieder aufgreifen, analysieren und widerlegen. Das setzt allerdings sehr gute Vorbereitung bei Ihnen voraus. Wiederholt ihr Gesprächspartner die auftretenden Fehler nun ständig, wird das Gesagte von außen als völliger Nonsens wahrgenommen.

Weitere rhetorische Methoden, um den Gegner jenseits von Argumenten in die Enge zu treiben, sind

- das gleiche Argument,
- Wortschwall und
- Drohungen und Konkurrenz oder
- die unvollständige Information.

Der Redner bringt bewusst häufig das *gleiche Argument.* Meist beinhaltet dieses Argument auch eine Schwachstelle, die Sie zuvor im Gespräch aufdecken und auf der Sie sogar herumreiten müssen. Das soll Ihr Gegenüber in Wut versetzen bzw. eine Überreaktion provozieren, die den Gegner zu Fehlern zwingt. Auch durch den Verweis auf das sog. *Totschlagargument* (z.B. Theorie-Argument: „Das mag in der Theorie richtig sein, in der Praxis ist es falsch!“) können Sie einen solchen Effekt erzielen.

Sie verwenden einen *Wortschwall* aus Fachausdrücken und Fremdwörtern, um Ihren Gegner einzuschüchtern. Er versteht nichts von dem, was Sie sagen, und denkt, er könne Ihnen das Wasser nicht reichen. Auch eine *Progression des Niveaus* kann zur Einschüchterung und Verblüffung des Gegners führen. Als Redner fangen Sie hierbei erst mit allgemein bekannten Fremdwörtern an, fragen nach, ob der andere diese verstanden hat. Dieser bejaht das und bekräftigt dies auch nach mehrfacher Nachfrage. Genau dann steigern Sie das Niveau. Da der Gegner zuvor mehrmals vehement bekräftigt hat, dass er alles verstanden hat, wird es ihm nun schwerer fallen, nachzufragen, und Sie steigern somit seine eigene Verunsicherung. Bei der Methode des Wortschwalls ist aber auch Vorsicht geboten: Sie können diese Methode nur bei unerfahrenen Kontrahenten effektiv einsetzen, denn geübte Redner werden Ihr Vorhaben schnell durchschauen.

Durch *Drohungen* und das *Verdeutlichen von Konkurrenz* schwächen Sie die Entschlusskraft des Gegners.

Dies setzt allerdings voraus, dass Sie in einer machtvollen Position sind.

✱ Gut zu wissen!

In vielen Polittalkshows kann man beobachten, dass ein bestimmter Politiker bzw. eine bestimmte Partei wegen eines konkreten Versagens am Pranger steht. Diese versucht dann, vom Thema abzulenken, indem sie das Versagen von anderen Parteien in ganz anderen Punkten auf die Tagesordnung ruft. Eine solche Vorgehensweise ist jedoch riskant, da sie meist schnell durchschaut wird und den Vorwurf nach sich zieht, das Thema verfehlt zu haben.

Schließlich gibt es das Konzept der *Unvollständigen Informationen*. Sie bringen nicht gleich Ihre ganzen Argumente in aller Ausführlichkeit ein, sondern halten zentrale Informationen zurück, die Sie dann im Laufe des (Streit-)Gesprächs nach und nach offenbaren. Dadurch bieten Sie Ihrem Gegenüber möglichst wenig Angriffsfläche. Idealerweise bringen Sie die zurückgehaltenen Informationen genau dann, wenn sie die Thesen Ihres Gegners schwächen möchten. Auch ein gewisses Vortäuschen von Wissen ist mit dieser Methode möglich. Hier sollten Sie aber mit Fingerspitzengefühl vorgehen, damit dieser rhetorische Kniff nicht zum Bumerang wird.

Abwehrmaßnahmen erlernen

Eine Abwehr von rhetorischen Tiraden erfordert gewisse Grundvoraussetzungen, die ein guter Redner aufbaut und regelmäßig trainiert: Werden Sie sich Ihrer eigenen Stärken bewusst, stärken Sie Ihr Selbstwertgefühl, demonstrieren Sie Selbstbewusstsein und bauen Sie so *Selbstsicherheit* auf.

Um Selbstsicherheit aufzubauen, gibt es zahlreiche Methoden, die Sie im alltäglichen Leben üben können:

- Fragen Sie z.B. den Kassierer in einem Geschäft laut etwas, wenn Sie in der Schlange warten,
- lassen Sie eine Autorität mehrfach und hartnäckig, aber höflich das Gleiche erklären oder
- lassen Sie sich in einem Bekleidungsgeschäft mehrere Anzüge bzw. Kostüme zeigen und sich probehalber sogar die Hosenlänge abstecken, kaufen Sie anschließend aber doch nichts.

Durch solche Übungen bauen Sie Selbstsicherheit auf. Sie ist die Grundvoraussetzung, um sich gegen Angriffe jeglicher Art wehren zu können. Wichtig ist zudem, dass Sie die „richtigen Antennen“ entwickeln, um eine rhetorische Falle frühzeitig zu erkennen. Diese Fähigkeit entwickeln Sie am besten durch das Studium mehrerer Streitgespräche, etwa im Fernsehen, und nicht zuletzt durch eigene praktische Erfahrung.

✱ Gut zu wissen!

Als Redner demonstrieren Sie ihr Selbstbewusstsein und hinterfragen die gegnerischen Aussagen ständig und stellen sich diesen dann auch. Reden Sie selbst weniger und hören Sie mehr zu, denken Sie nach und fragen gezielt. Denn wie schon oft in diesem Kapitel dargestellt, bietet jede Ihrer Aussagen Potenzial für Angriffe Ihres Gegenübers.

Die konkrete Abwehr des Gegners unterteilt sich in

- Abwehr unangenehmer Fragen,
- Abwehr nonverbaler Elemente sowie
- Abwehr von Dialektik.

Zur *Abwehr von unangenehmen Fragen* empfiehlt es sich, geeignete Antwortmöglichkeiten auf immer wiederkehrende Fragen vorzubereiten. So können Sie sich stets passende Antworten zurechtlegen. Passen Sie bei dieser Vorgehensweise auf, dass nach der „Sprachlosigkeit“ des Gegners keine allzu lange Pause entsteht, sondern Sie als Redner nach kurzer Pause sofort auf einen neuen Sachverhalt zu sprechen kommen.

✱ Beispieldialog

A: Okay, ich will es Ihnen leichter machen: Nennen Sie doch die drei Gründe bitte in alphabetischer Reihenfolge!

B: Also hören Sie mal ...! Ich weiß nicht, was das soll!

A: Nun, ich habe den Eindruck, dass Ihnen die guten Fragen ausgehen. Ich helfe Ihnen da gerne aus. Sie haben zu unserem Schaden die Lieferung entgegen vertraglicher Abmachungen 14 Tage hinausgezögert. Was gedenken Sie zu tun, um diesen Schaden zu ersetzen?"

Der Gegner greift nun höchstwahrscheinlich nur noch die Provokation am Schluss der Antwort auf und nicht mehr die Frage am Anfang („nennen Sie drei Gründe"). Der Redner hat also die Gesprächsführung übernommen, da der Gegner nun auf jedes neue Argument von ihm einsteigt. Sie haben eine emotionale Reaktion provoziert.

Ein weiteres Beispiel für eine solche Art der Abwehrtechnik ist die Gegenwehr auf einen lästigen „irgendjemand", der hartnäckig mit Fragen nervt, die Sie eigentlich nicht beantworten wollen. Sie antworten auf solche Provokationen nicht plump mit „Das sage ich nicht!", sondern Sie wenden die *Korkenziehermethode* an. Durch das Vermeiden von reinen Gegenfragen und den Einsatz von fragenden Umformulierungen wird der Gegner ständig zur Reaktion gezwungen. Er soll dazu verleitet werden, seinen Standpunkt permanent zu verteidigen, bis seine Position ad absurdum geführt ist.

✱ Beispieldialog

A: Ich kann Ihnen darauf selbstverständlich eine Antwort geben. Aber was machen Sie dann mit der Information, die ich Ihnen damit gebe?

B: Wieso „machen"? Mich interessiert das halt!"

Sie: Also nochmals: Geben Sie diese Information dann allgemein weiter ...?

A: Na, die gebe ich natürlich nicht weiter. Es interessiert mich eben ...!"

B: Es ist also reine Neugierde von Ihnen, die beiden nichts nutzt, denn Sie lebten vorher ohne diese Information gut und ich kann auch ohne Ihre Neugierde gut leben!

Es wird im Rahmen dieser Methode also nicht mit einer reinen Gegenfrage geantwortet, die Gegenfrage beinhaltet eine Umformulierung der zuvor gestellten Frage. Durch das ständige Infragestellen, muss sich der Gegner permanent verteidigen und seine Position wird für die Zuschauer immer fragwürdiger. Sie verhindern somit eine bloße Gegenfrage zu stellen und dadurch eine direkte Gegenposition einnehmen zu müssen. Vielmehr sezieren Sie das Gesagte, ja Sie verkehren es ins Lächerliche.

Die Abwehr von solchen verbal geäußerten Inhalten ist meist noch relativ einfach, da Sie die Intention in der Regel gut erkennen können. Die *Abwehr nonverbaler*

Elemente, die meist unscheinbarer und subtiler daherkommen – mit Ausnahme von heftigem Grimassieren, von dem aber jeder seriöse Rhetoriker dringend abrät – ist deutlich schwieriger. Um sich dagegen zu wehren, hat sich eine Vorgehensweise in drei Stufen bewährt:

- Lernen Sie *erstens* die körpersprachlichen Signale hinsichtlich Gestik, Mimik, Stimuli und ihres beeinflussenden Einsatzes kennen und verbinden diese mit der eigenen Selbstsicherheit. Sagen Sie sich: „Ich kenne diese Tricks! Ich bin sicher! Ich weiß, was ich will!"
- *Zweitens* empfiehlt es sich, dem anderen subtil klar zu machen, dass Sie seine Vorgehensweise durchschaut haben. Bleiben Sie dabei freundlich, ohne jedoch zynisch zu sein. Sagen Sie ihm: „Ich lege nur wert auf die Sache und lasse mich nicht durch nonverbale Aussagen irritieren!"
- Und *drittens* müssen Sie Überlegenheit demonstrieren. Bleiben Sie dabei ruhig und wirken Sie nicht gereizt oder sogar aggressiv. Letzteres würde nur Ihrem Gegner helfen und Ihre Konzentration schwächen. Kurzum: Zeichnen Sie sich durch freundliche Standhaftigkeit aus. Bleiben Sie einerseits freundlich und höflich und andererseits konzentriert bei der Sache. Nur so kommen Sie an Ihr Ziel und werden vom Publikum sogar noch als sympathisch wahrgenommen, Ihre Gegenseite wirkt hingegen als destruktiver Störer.

✱ Gut zu wissen!

Sie können nonverbale Attacken Ihres Gegners auch durch die *Taktik der Pause als Vorwurf* begegnen. Sie beenden Ihren letzten Satz und schweigen dann, ohne erkennbare Mimik. Sie schweigen so lange, bis Ihr Gegner etwas sagen muss. Damit locken Sie ihn aus der Reserve, denn viele reagieren in dieser Situation eher verunsichert, manche verlieren sogar ihren Faden.

Auch die Abwehrmethoden *Abwehr unfairer Dialektik* sollten Sie kennen und einsetzen können. Dabei ist allerdings Ihre Schlagfertigkeit und Schnelligkeit gefragt, denn es bringt nichts, wenn Ihnen gute Antworten erst zu Hause einfallen. Ihr Ziel muss es dabei sein, logische oder für das Publikum logisch erscheinende Konstrukte möglichst schnell zu erfassen und Gegenmaßnahmen zu ergreifen. Diese Fähigkeit erlernen Sie nur durch Übung, also durch das Führen zahlreicher Diskussionsrunden. Und mehr noch – hier benötigen Sie neben Erfahrung auch Mut und Selbstvertrauen, um sich wirklich zur Wehr zu setzen. Diese Abwehrmethode setzt sich aus drei Teilfähigkeiten zusammen:

- Sie haben „die richtigen Antennen“,
- Selbstbewusstsein, welches Sie höflich demonstrieren und
- Sie gewöhnen sich an, zu fragen, zu fragen und nochmals zu Fragen.

Denn nur durch viele Fragen animieren Sie Ihren Gegner zum Reden. Sofern Sie „die richtigen Antennen haben“, sind Sie zudem in der Lage, Charme, Freundlichkeit, Wohlwollen, Logik oder Zwanghaftigkeit des Gegners möglichst genau zu erkennen. Sie legen Wert auf die eigene Individualität und lassen sich nicht von „großen Tieren“ – also hierarchisch höhergestellten – beeindrucken, denn wer Sie nicht beachtet, wird auch Ihr Recht nicht beachten.

Durch den Einsatz dieser Methode gehen dem Gegner zwangsläufig die sachlogischen Argumente aus und er zieht sich dann auf die Beziehungsebene zurück. Hier können dann Sprüche wie „Sie hören mir einfach nicht zu!“ oder sogar „Ich kann für Ihre schlechte Allgemeinbildung auch nichts!“

Ihr Gegenüber wird sichtbar unfair und verliert nach Ansicht des Publikums die moralische Überlegenheit. Es gibt zwar kein Patentrezept, wie nachgefragt werden muss, jedoch gibt es einige Standardfragen, mit denen Sie meist sogar geschulte Rhetoriker aus der Fassung bringen:

- „Sie haben gerade gesagt, dass ...! Würden Sie das bitte näher erläutern? Was verstehen Sie konkret darunter?“
- „Warum ist das nach Ihrer Auffassung von so großer Bedeutung?“
- „Jede Medaille hat zwei Seiten. Sie haben eine dargestellt. Wie sieht bei Ihnen die andere Seite aus?“ Nachhaken: „Warum gerade so?“

- „Welche Bedeutung hat eine andere Meinung für Sie, bzw. wie haben Sie diese in Ihrem Konzept berücksichtigt?"

Sie haben nun drei Maßnahmen kennengelernt, wie Sie Unangenehmes rhetorisch abwehren können. Letztendlich müssen Sie allerdings einen individuellen rhetorischen Stil entwickeln, wie Sie damit umgehen wollen. Zudem sollte die Wahl der Maßnahme auch dem Verhalten Ihres Gegenübers angepasst werden. Es gibt hier zwei konträre Möglichkeiten:

- Sie sprechen die erkannte Taktik des Gegners nicht an
- oder aber Sie sprechen diese konkret an.

Die erste Vorgehensweise erfordert ein Höchstmaß an rhetorischem Fachwissen und Erfahrung im praktischen Umgang mit geschulten Widersachern, denn Sie müssen die gewählte Taktik Ihres Gegenübers schnell erkennen. Beispiel: Ihr Gegner wendet die „Salamitaktik" an und splittet Ihre vorgeschlagene Gesamtlösung in Teilpakete auf bzw. möchte von Ihnen Zugeständnisse erzwingen. Als Gegenmaßnahme stimmen Sie bei jedem Verhandlungsteil nur „unter Vorbehalt zu" und weißen darauf hin, dass deren Erfüllung von der Zustimmung zum Gesamtpaket abhängt. Wenn Sie hier nicht die nötige Erfahrung und das erforderliche Durchhaltevermögen an den Tag legen, laufen Sie Gefahr, dass Sie sich vom Gegner einwickeln lassen, die Übersicht verlieren oder sogar das Verhandlungsergebnis eklatant verschlechtern.

Die zweite Methode, das konkrete Ansprechen der Methoden des Gegners, ist die deutlich ungefährlichere. Dadurch machen Sie einerseits das Publikum darauf aufmerksam, dass der Gegner bereit ist, sich solcher rhetorischer Methoden überhaupt zu bedienen, und andererseits signalisieren Sie ihm, dass Sie seine Vorgehensweise durchschauen und sie somit wirkungslos ist. Der Gegner muss sich also etwas einfallen lassen, er muss kreativ werden, was wiederum die Gefahr birgt, eine fehlerhafte Maßnahme zu ergreifen.

*** Gut zu wissen!**

Eine Führungskraft muss in der Lage sein,

- ihre Gedanken klar und einprägsam darzustellen,
- sie zu verteidigen,
- für sie zu werben und
- andere dafür zu begeistern.

Die Kunst der Führung besteht zu einem großen Teil aus der Fähigkeit, die eigenen Ideen in freier Rede leicht verständlich und überzeugend vorzutragen.

Ob andere auf Ihre Ideen, Ihre Wünsche und Absichten eingehen und sich in Ihrem Sinne verhalten, hängt ganz entscheidend davon ab, wie Sie Ihre Gedanken darstellen. Nicht die eigene Überzeugung ist maßgebend, sondern die Fähigkeit, andere zu überzeugen.

► Tipps für ein gelungenes direktes Gespräch

Umgang mit Manipulationstechniken

Weitere Techniken, die Sie kennen sollten:

Mit Fragen abwehren

Sie geben keine Antwort auf die Frage, sondern stellen einfach eine Gegenfrage. Dadurch lenken Sie den Gegner ab und bringen ihn zum Reden. Beispiel: „Herr Meier, Sie sagten gerade, dass .... Könnten Sie das bitte näher erläutern? Was meinen Sie konkret damit?"

Behauptungen überprüfen

Wenn Ihr Gegner viel mit Daten, Statistiken, Behauptungen arbeitet, sollten Sie nicht direkt antworten, sondern darauf verweisen, dass Sie zunächst dessen Thesen überprüfen wollen, bevor Sie darauf eine Antwort geben. Oder Sie fordern ihn auf, das näher zu erläutern und die Zusammenhänge darzustellen.

Auf Gegenseitigkeit bestehen

Bestehen Sie auf eine schriftliche Vereinbarung mit festgelegten Klauseln, um sich bei einer Verhandlung nicht „übertölpeln" zu lassen.

Nicht stets direkt antworten

Wenn Sie als Verkäufer auftreten, ist es ratsam, nicht direkt auf eine Fragenserie des potenziellen Käufers zu antworten, da Sie dadurch zu viele Informationen preisgeben, die Ihre eigene Verhandlungsposition einschränken könnte. Beispiel: „Darüber muss ich zuerst mit dem Geschäftsführer sprechen!"

Ins Detail gehen

Um sich erfolgreich zu wehren, müssen Sie Details der Vorgehensweise des Gegners „knacken", um dann anhand der in Erfahrung gebrachten Informationen die Berechtigung der gesamten Forderung in Frage zu stellen. Positiver Nebeneffekt: Sie bringen Ihren Gegner wieder zum Reden und damit in die Defensive. Sie verschaffen sich dadurch eine bessere Ausgangslage, da die Schwächen meist im Detail liegen – und dies selbst bei einer in ihrer Gesamtheit plausiblen Argumentation Ihres Gegenübers.

Mit Sprüchen kontern

Das konkrete Ziel dieser Maßnahme ist es, einen zunächst routiniert wirkenden Redner durch den Einsatz von Sprüchen aus dem Konzept zu bringen, bei ihm Wut und Zorn hervorzurufen. Dies schwächt seine Konzentration. Besonders wirkungsvoll ist diese Strategie, wenn Sie den Gegner vor dem Publikum lächerlich machen können. Gelingt dies, werden auch seine Thesen nicht mehr ernst genommen.

Verräterische Schwächen erkennen

Decken Sie durch gezieltes Nachfragen die Konzeptlosigkeit des Gegners auf. Beispiel: Ein Verkäufer bietet Ihnen einen Gebrauchtwagen für 4.000 Euro an, im Laufe der Verhandlung gelingt es Ihnen, den Preis um die „runde Summe" von 2.000 Euro zu drücken. Wenn Sie nun nachfragen, warum der Verkäufer ausgerechnet 2.000 Euro nachlässt und Sie keine befriedigende Antwort von ihm erhalten, dann wissen Sie, dass der Verkäufer keine Kalkulation hat, sondern seinen Wagen einfach nur verkaufen möchte. Versuchen Sie dann, den Preis noch weiter zu drücken.

*** Gut zu wissen!**

Gute Verkäufer achten auf die Signale des Kunden; Rückfragen rufen jeweils Gestik und Mimik von Antworten hervor, auf die dann wiederum passend reagiert werden muss. Hier gilt also nicht: one size fits all!

Exkurs: Wie kommuniziere ich betriebsintern mit Kollegen, wie mit dem Vorstand?

Bei der Kommunikation innerhalb des Betriebs gibt es einige Dinge, die Sie beachten sollten. Es gibt grundsätzliche Regelungen, die Sie unbedingt kennen sollten. Jedoch gilt: Abhängig vom Betrieb, der Kultur und dem Betriebsklima können diese Richtlinien abweichen. Wenn dies der Fall ist, dann werden Sie das recht schnell bemerken. Gehen Sie prinzipiell zunächst von den folgenden Tipps aus, der Rest ergibt sich während des Betriebsalltags. Wenn vom Vorstand die Rede ist, so ist dies auch mit „Vorgesetztem“ gleichzusetzen.

Im Gespräch mit Kollegen und ...

Grundsätzlich gestaltet sich das Gespräch mit Kollegen sozialer, lockerer und informeller als mit dem Vorstand. Besonders dann, wenn es unter Ihren Kollegen keine hierarchischen Unterschiede gibt, ist ein eher lockeres Klima die Norm. Ob es sich zu einem freundschaftlichen Verhältnis entwickelt, hängt von Ihnen und Ihren Kollegen ab. In der Zusammenarbeit ist der Fachjargon nicht immer zwingend notwendig und je nach Arbeitsweise sind Ebenenwechsel (z.B. von der sozialen zur geschäftlichen und wieder zur sozialen Ebene) und humoristische Bemerkungen frequentierter möglich. Aber übertreiben Sie es nicht, denn dann erarbeiten Sie sich den Ruf eines Nichtstuers, der zwar eine soziale Bereicherung darstellt, dessen Arbeitsleistung allerdings wenig förderlich ist. Wie so oft ist alles eine Frage des richtigen Maßes. Nehmen Sie Ihre Arbeit ernst, dann können Sie sie auch lockerer verrichten. Sollten Sie besonders produktiv sein, dann bleibt Ihnen und Ihren Kollegen auch mehr Zeit für den sozialen Austausch.

... mit dem Vorstand oder dem Vorgesetzten brillieren

Auch mit Vorgesetzten ist ein lockeres und kollegialeres Verhältnis möglich. Beachten sie jedoch unbedingt: Wenn das der Fall ist, dann werden Sie das während Ihrer Beschäftigung selbst herausfinden. Gehen Sie nicht davon aus, dass es so ist. Und: Nur weil Sie mit Ranghöheren sprechen, heißt das nicht, dass der soziale Aspekt vollständig wegfällt. Im Normalfall ist er jedoch wesentlich reduzierter als im Umfeld mit den Kollegen. Beim Gespräch mit Vorgesetzten ist eine Regel essentiell: Vorgesetzte bestimmen die Kommunikationsregeln. Das bedeutet: Wenn Ihnen von Ihren Vorgesetzten ein sozialeres und vielleicht auch freundschaftlicheres Klima angeboten wird, dann dürfen Sie dieses gerne annehmen. Wenn das nicht der Fall ist, dann wird es auch nicht erwünscht. Zwingen Sie es Ihrem Vorgesetzten daher nicht auf. Der soziale (oder sozialere) Umgangston kann sich auch erst nach längerer Zusammenarbeit entwickeln. Achten Sie beim Umgang mit Vorgesetzten prinzipiell auf den Fachjargon und sparen Sie mit dem Humor. Gerade bei Vorgesetzten ist ein Fokus auf die betriebliche bzw. geschäftliche Ebene unabdingbar.

✱ Gut zu wissen!

Um Erfolg zu haben, nehmen Sie den Standpunkt des anderen ein und betrachten Sie die Dinge mit seinen Augen. Erfolgreich verhandeln bedeutet: Erreichen, dass andere in unserem Sinn denken und handeln.

Aber es gibt kein Erfolgsrezept, denn was bei einem Gesprächspartner erfolgreich war, kann bei anderen zu einem Fehlschlag führen. Verkäufer werden immer wieder mit unterschiedlichen Situationen konfrontiert, die verschiedene Verhaltensreaktionen erfordern.

Für den Erfolg einer Verhandlung brauchen Sie eine gewisse Vertrautheit mit bestimmten Verhaltensweisen und psychologische Grundkenntnisse im Umgang mit Menschen, die immer gültig sind.

Das Kundengespräch

Bemühen Sie sich bei jedem Kontakt mit Ihrem Kunden darum, sich in deren Lage zu versetzen und sich in deren emotionale Bedürfnisstruktur einzufühlen. Bereiten Sie sich deswegen vor dem Gespräch auf Kriterien und Probleme des Gesprächspartners vor, um schließlich zu einem für beide Seiten befriedigenden Abschluss zu kommen.

Schieben Sie die Schuld an zutage tretenden Problemen oder Schwierigkeiten nicht gedanklich „den anderen“ zu. Machen Sie es sich konsequent zu eigen, Sachverhalte, die zum Stein des Anstoßes geworden sind oder zu werden drohen, gemeinsam mit den betreffenden Kunden zu klären und gemeinsam mit ihnen rasch zufriedenstellende Lösungen zu suchen.

Leiten Sie die Absichten Ihrer Kunden nicht aus Ihren eigenen Absichten, Befürchtungen, Sorgen, Wünschen oder Zielen ab. Hüten Sie sich davor, Ihre Kunden auf dem Hintergrund Ihres eigenen Denkschemas zu interpretieren.

Achten Sie unbedingt darauf, sich nicht in dem – häufig eben nur vermuteten – Denk-, Wunsch- oder Vorstellungsschema Ihrer Kunden zu verirren. Fragen Sie nach, wenn Sie den Eindruck haben, dass Ihre Kunden Ihnen nicht das sagen, was sie Ihrer Meinung nach eigentlich meinen. Sie tragen erheblich dazu bei, dass sich Ihre Kundinnen und Kunden verständlich ausdrücken und nicht um den heißen Brei herumreden.

Scheuen Sie nie davor zurück, Ihre Ansichten und Vorstellungen zu Kundenäußerungen und Wünschen offen darzulegen. Wenn Ihr Urteil gefragt ist, dann sollten Sie klar Stellung beziehen und nicht die, wie geschickt auch immer, dargebotene Meinung des Kunden widerspiegeln. Denken Sie daran: Sie werden als Fachmann angesehen und angesprochen. Dieser Sichtweise müssen Sie gerecht werden und das können Sie nur, wenn Sie ihr Rechnung tragen – ohne Wenn und Aber!

Stimmen Sie Ihr gesamtes Verhalten einschließlich Ihrer Körpersprache, also Ihre Wortwahl, die Stimmführung, die Gestik, die Mimik im Rahmen Ihres normalen Verhaltensrepertoires auf Ihre Kunden ab. Es sei gerade in diesem Zusammenhang an Goethes kluges Wort „eines schickt sich nicht für alle“ erinnert. Suchen Sie den Menschen im Kunden und gehen Sie auf ihn individuell ein.

Sich auf den Kunden einstellen

Der Kunde möchte ...

- Anerkennung,
- Bestätigung,
- Lob,
- Recht behalten,
- der Allergrößte sein,
- das Beste haben,
- akzeptiert werden und
- Problemlösungen.

Der Kunde ist

- die wichtigste Person für Ihr Geschäft, egal ob er persönlich in Ihrem Büro ist oder anruft.
- nicht von Ihnen abhängig, sondern Sie sind es von ihm.
- keine Unterbrechung Ihrer Arbeit, sondern deren Zweck.
- nicht jemand, mit dem Sie streiten oder diskutieren sollten. Den Streit mit einem Kunden können Sie nicht gewinnen.
- kein Außenstehender, sondern ein Teil Ihres Geschäfts. Sie tun ihm keinen Gefallen, wenn Sie ihm Ihre Dienstleistung verkaufen, sondern er tut Ihnen einen Gefallen, indem er Ihnen überhaupt die Gelegenheit dazu gibt.

Zeigen Sie Ihrem Kunden, dass er wichtig für Sie ist:

- Merken Sie sich die Namen Ihrer regelmäßigen Kunden! Sie werden sehen, welche positive Wirkung es hat, wenn Sie einen Kunden, der länger nicht da war, noch mit Namen kennen.
- Widmen Sie sich jedem Kunden so, als sei er Ihr einziger. Lassen Sie nicht den Eindruck eines „der Nächste, bitte"-Spiels entstehen nach dem Motto: „Lieber Kunde, Du langweilst mich. Fasse Dich kurz, nach Dir warten noch andere."
- Geben Sie Ihrem Kunden zu erkennen, dass Sie Ihren letzten Kontakt mit ihm noch nicht vergessen haben: „Guten Tag, Herr Müller, haben Sie einen schönen Urlaub gehabt?"
- Bestätigen Sie dem Kunden nach Vertragsabschluss, dass er die richtige Wahl getroffen hat und erinnern Sie ihn an Ihre Serviceleistungen. Geben Sie dem Kunden durch Freundlichkeit das Signal, dass er gerne gesehen ist, und gewinnen Sie dadurch Stammkunden.

In Anlehnung daran sollten Sie überlegen, ob Sie, wenn Sie Ihr eigener Kunde wären, mit sich selbst zufrieden wären.

✱ Testen Sie sich!

Beantworten Sie ehrlich die folgenden Fragen:

- Ist es angenehm, mit Ihnen zu reden?
  ☐ Ja ☐ Nein
- Würden Sie sich als zuverlässig einstufen?
  ☐ Ja ☐ Nein
- Wenn Sie sich von sich selbst beraten lassen müssten: Würden Sie sich gut beraten fühlen?
  ☐ Ja ☐ Nein
- Die Art, wie Sie in der Firma mit Problemen umgehen: Wären Sie damit als Ihr eigener Kunde zufrieden?
  ☐ Ja ☐ Nein
- Wenn Ihr Kunde an Sie denkt: Verbindet er damit eine Person, die stets ihr Bestes gibt, ihn zufriedenzustellen? Oder ist der Kontakt mit Ihnen für ihn eher langweilig oder sogar unangenehm?
  ☐ Ja ☐ Nein
- Würden Sie bei sich selbst Kunde bleiben, selbst wenn ein Wettbewerber billiger wäre? Oder würden Sie zum Wettbewerber wechseln, weil Sie auf Ihre eigene Beratung und Dienstleistung verzichten können?
  ☐ Ja ☐ Nein

Wenn Sie diese Fragen ehrlich beantworten, sehen Sie auf einen Blick, in welchen Punkten Sie noch an sich arbeiten sollten. Fangen Sie gleich an!

✱ Gut zu wissen!

Lassen Sie den Kunden spüren, dass er für Sie nicht nur einer von vielen ist. Dies führt dazu, dass die Kunden zufriedener sind, wiederkommen und Ihr Arbeitsplatz gesichert ist.

Die Kundentypen und ihr Verhalten kennen

Ob ein Einkaufs- oder Verkaufsgespräch im Sande oder zur beiderseitigen Zufriedenheit verläuft, hängt nicht nur vom Produkt und dem Fachwissen des Einkäufers bzw. Verkäufers ab, sondern auch davon, wie intensiv er auf seinen Gesprächspartner eingeht.

Sie sollten Ihre Kunden nicht stur nach einem bestimmten Schema behandeln. Dennoch lassen sich viele Kunden – bei aller gebotenen Vorsicht – einem gewissen Typus zuordnen und damit schneller einschätzen.

Der Unsichere

Merkmale | Sie erkennen ihn an seiner leisen, undeutlichen Stimme. Auch gibt er nur wenig klare Äußerungen von sich.

Tipp | Geben Sie unsicheren Kunden Anerkennung, indem Sie sie besonders höflich behandeln und besonders deutlich zeigen, wie wichtig sie Ihnen als Kunden sind.

Der Gesprächige

Merkmale | Sie erkennen ihn daran, dass er besonders gern über private Dinge spricht und auf diese Weise vom eigentlichen Beschaffungsgespräch ablenkt.

Tipp | Sie sollten den gesprächigen Kunden sehr vorsichtig immer wieder zum eigentlichen Gesprächsthema zurückholen. Ansonsten sind Sie zwar eine Stunde lang glänzend unterhalten, haben aber entscheidenden Umsatz verpasst und vielleicht andere Kunden zeitlich verprellt.

Der Verschlossene

Merkmale | Sie erkennen ihn daran, dass er noch weniger als der „Unsichere“ aus sich herausgeht. Sie haben Probleme, überhaupt exakt zu erfahren, was dieser Kunde eigentlich will.

Tipp | Scheuen Sie sich nicht, immer und immer wieder nachzufragen und die in Frage kommende Dienstleistung auf diese Weise konkret einzuengen.

Der Anmaßende

Merkmale | Sie erkennen ihn an seiner lauten, „besitzergreifenden“ Ausdrucksweise. Er glaubt, alles besser zu wissen und belehrt andere besonders gern. Bei diesem Kundentyp müssen Sie damit rechnen, dass er Sie durch sein einschüchterndes Verhalten zu (Preis-) Nachgiebigkeit drängen will.

Merkmale | Reagieren Sie weder in gleicher Weise noch besonders empfindlich. Zeigen Sie viel Geduld, versuchen Sie, auf den Kern der Kundenwünsche, der hinter dem lauten Getöse versteckt ist, einzugehen.

Der Eitle

Merkmale | Sie erkennen ihn daran, dass er wie ein Pfau auftritt: Mit großen Gebärden und hochtrabenden Reden.

Tipp | Dieser Kundentyp „fliegt“ auf Komplimente und Schmeicheleien. Betonen Sie seinen guten Geschmack, und lassen Sie nicht erkennen, dass Sie sein Verhalten durchschauen.

Der Unentschlossene

Merkmale | Sie erkennen ihn daran, dass er im Grunde mit dem Angebot und dessen Vielfalt und Möglichkeiten überfordert ist. Häufig weiß er nicht einmal selbst so richtig, was er will.

Tipp | Machen Sie bei einem unentschlossenen Kunden nicht den Fehler, ihm eine schnelle Entscheidung aufzudrängen. Beraten Sie ihn ausführlich und geben ihm somit den entscheidenden Kaufimpuls.

Jeder der sechs Kundentypen hat unterschiedlich viel Interesse an und Kenntnisse von Ihrer angebotenen Leistung. Eher geringes Interesse und weniger Kenntnisse werden *low involvement* genannt, unter *high involvement* versteht man hohes Interesse und ausgeprägtere Kenntnisse. Kunden mit einem high involvement sprechen Verkäufer natürlich anders an, als solche mit wenig.

Auf den ersten Eindruck achten

Auch in Verkaufsgesprächen kann die Körpersprache wichtiger sein als die verbale Sprache. Sicher ist es Ihnen auch schon passiert, dass Sie sich einem Gesprächspartner gegenübersehen, der Ihnen zwar Interessantes erzählt, das auch glaubwürdig klingt, Sie jedoch trotzdem nichts davon glauben können. Der Grund: Wenn sie einen Gesprächspartner zum ersten Mal sehen, können Sie gefühlsmäßig immer genau entscheiden, ob Sie ihm glauben können oder nicht. Oft verdrängen wir dieses Gefühl – das sich auf Basis der Körpersprache des anderen ergibt – und sagen uns, dass wir einen Menschen beim ersten Kontakt noch nicht vollständig einschätzen können. Aber Sie wissen bereits, dass Menschen nicht nur verbal, sondern auch nonverbal kommunizieren. Schenken Sie also auch der nonverbalen Kommunikation immer ausreichend Aufmerksamkeit.

✱ Gut zu wissen!

Achten Sie bei Kunden immer auch auf die Körpersprache. Beispiele hierfür sind:

- sein Gang,
- seine Körperbewegungen,
- seine Beinbewegungen,
- seine Mimik und deren Ausdrucksweise,
- seine Blicke (wie betrachtet er Sie?),
- seine Gestik,
- seine Distanz zu Ihnen und
- seine Haltung beim Sitzen.

Gesten richtig deuten

Die Körpersprache verrät Ihnen bereits viel über Ihre Kunden. Sie können daran erkennen, in welchem Gefühlszustand sich Ihr Kunde befindet: Strahlt er Ruhe und Gelassenheit aus oder vielmehr Angst.

Gesten der Unsicherheit auf einen Blick:

- Ihr Gegenüber weicht Ihnen aus oder wendet den Körper ab. Er spielt ständig mit Gegenständen oder an seiner Kleidung: Er fühlt sich unsicher und ist deshalb auch mit sich nicht zufrieden.

- Seine Sprache ist halblaut, einschläfernd, monoton und sein Mund kaum geöffnet. Er ist niedergeschlagen und traut sich nichts mehr zu sagen (Angstsituation).
- Ihr Gegenüber verschränkt seine Arme und Beine: Er ist unsicher und fühlt sich sogar bedroht und zieht sich dadurch in sich zurück.

Die Körpersprache ist nicht bei allen Menschen und in jeder Situation eindeutig. Ob die skizzierten Zustände bei Ihrem Kunden vorhanden sind oder nicht, bringen Sie nur durch ausgiebiges und intensives Beobachten des anderen in Erfahrung.

Führen Sie aber ebenso eine Eigenkontrolle durch oder lassen Sie sich selbst von einem Vertrauten beurteilen. Nur so können Sie herausfinden, wie Sie auf Kunden wirken. Nur mit diesem Wissen können Sie sich selbst auf andere einstellen und Ihre eigenen Verhaltensweisen steuern.

✱ Gut zu wissen!

Versuchen Sie jedoch nie, sich in Kundengesprächen zu verstellen, sondern geben Sie sich so natürlich wie möglich. Sie können damit Nähe, Wärme und vor allem Vertrauen schaffen. Kontakte zu anderen Menschen fallen Ihnen dadurch viel leichter.

Menschen, die ihr eigenes natürliches „Ich" verbergen, wirken steif und gehemmt. Sie schaffen somit gewollt oder ungewollt eine Distanz, die sie von unsympathisch bis arrogant wirken lässt.

Gesten der Sicherheit

Wichtig ist auch, dass Sie wissen, durch welche Gesten Kunden Sicherheit demonstrieren.

- Ihr Kunde sitzt Ihnen mit locker überkreuzten Beinen gegenüber, strahlt innere Zufriedenheit aus.
- Am Öffnen des Mundes, während der andere noch spricht, ist erkennbar, dass Ihr Kunde bereits antworten möchte.
- Kunden, die ganz locker mit leicht gespreizten Beinen vor Ihnen stehen, sind sich Ihrer Sache sehr sicher.
- Kunden, die Ihnen die leere geöffnete Hand entgegenstrecken, sind sich sicher und bereit zu handeln.
- Kunden, die versuchen mit ausholenden Armbewegungen ihre eigenen Worte zu unterstreichen, wollen sich immer in einer dominierenden Rolle wissen.

Weitere Gesten und deren Bedeutung

Es gibt zahlreiche weitere Gesten, die Sie kennen sollten. Einige davon haben Sie gewiss bereits bei Gesprächspartnern wahrgenommen, andere vielleicht sogar bei sich selbst beobachtet:

Steht Ihr Gesprächspartner schräg zu Ihnen und hebt er dabei die Schulter noch an, drückt er dadurch ein gewisses *Angstgefühl* aus. Die Situation ist ihm unangenehm, er würde die Situation lieber verlassen.

Ein Ausdruck von *Langeweile* ist es, wenn Ihr Kunde sich im Sitz sehr weit zurücklehnt oder den Kopf auf die offene Handfläche stützt.

Kunden, die ihre Hände zu Fäusten ballen oder ihre Hände verkrampft festhalten, sind erregt oder verspüren sogar *Zorn* und *Entschlossenheit*, eine Situation zu ändern.

Kunden, die ihre Hände reiben, machen einen zufriedenen und interessierten Eindruck. Sie erwarten meist etwas *Positives*.

Fasst sich Ihr Kunde mit der Hand an seine Wange und dreht gleichzeitig den Kopf zur Seite, kann dies *Überraschung* und *Ratlosigkeit* ausdrücken bzw. er denkt zumindest angestrengt über seine eigene Reaktion nach.

Kunden, die sich am eigenen Kinn streicheln oder am Bart zupfen, denken gerade über eine *Entscheidung* nach.

Besonders auffällig ist auch das Verhalten bei Brillenträgern. Sie nehmen häufig die Brille langsam ab, stecken einen Bügel in den Mund oder reinigen sie. Sie wollen damit nur *Zeit gewinnen* und von ihrer eigenen *Unentschlossenheit* ablenken.

Sehr zu beachten sind Kunden, die ihre Fingerspitzen der beiden Hände zusammenlegen. Sie sind oft eingebildet oder arrogant. Sie wollen damit *Stärke* und *Dominanz* zeigen und Einwände schon im Vorfeld abwehren.

Interessant ist auch das Falten der Hände vor der eigenen Brust. Diese Geste ist bei Männern und Frauen unterschiedlich zu deuten. Männer bekunden damit ihre *Aufrichtigkeit* und *Loyalität* bis hin zur Ergebenheit. Bei Frauen bedeutet es, dass sie *erschrocken* oder *überrascht* sind.

Kunden, die in einem Gespräch Ihren Blicken ausweichen, Sie beim Reden nicht ansehen oder an ihrer eigenen Kleidung spielen, sind *unsicher* oder *gehemmt*.

Auf der anderen Seite gibt es Kunden, die den Blickkontakt unverhältnismäßig lange ausdehnen. Sie drücken damit *Misstrauen* und *Feindseligkeit* aus.

Kunden, die sich während des Gesprächs immer mehr zu Ihnen beugen oder näher rücken und dabei mit freundlichem Blick, leise und vertraulich sprechen, zeigen ihr *Verständnis*, ihre *Bereitschaft*, ihre *Zuneigung* und ihr *Einverständnis*. Vorsicht ist aber trotzdem geboten: Die Menschen können Vertrauenswürdigkeit auch nur vortäuschen.

Einfach erkennbar sind Kunden, die auf der Stuhlkante mit zusammengepressten Knien sitzen und auf ihren darunterliegenden Händen sitzen, ohne zu sprechen. Sie sind *verängstigt* oder *schüchtern*.

Wer beim Sitzen seine Füße unter den Stuhl zieht und dabei noch verschränkt, lehnt Sie ab und ist an dem Gespräch kaum interessiert.

Kunden, die ihre Beine um die Stuhlbeine geschlungen haben, zeigen damit ihre eigene *Unsicherheit*. Sie brauchen einen festen Halt.

Kunden, die ihr Sakko öffnen oder sogar den Krawattenknoten etwas lockern, zeigen damit ihre *Erleichterung*, *Sympathie* und *Entspanntheit*.

✱ Gut zu wissen

Besondere Vorsicht ist geboten beim Umgang mit rhetorisch versierten Kunden. Sie kennen die dargestellten Verhaltensgesten ebenso und wurden daraufhin geschult, derartige Erkennungsmerkmale zu umgehen oder auch bewusst irreführend einzusetzen.

Die eigene Körpersprache gezielt einsetzen

Hier noch einige verhaltenstaktische Tipps bzgl. Ihrer eigenen Körpersprache, die Ihnen besonders beim Verhandeln mit Kunden helfen:

Wie erwecken Sie gegenüber Ihrem Gesprächspartner Sympathie?

Halten Sie zuerst einen großen Abstand zu ihm und verringern Sie diesen erst im Verlauf des Gesprächs.

Wie bauen Sie eine offene, angenehme Atmosphäre und Vertrauen auf?

Wählen Sie von vornherein eine geeignete Besprechungsräumlichkeit aus und überlassen Sie die Platzwahl dem Gesprächspartner. Bieten Sie dem Partner etwas zu trinken an und setzen Sie sich dann selbst entspannt hin.

Wie geben Sie Ihrem Gesprächspartner das Gefühl von Partnerschaft, Offenheit und Gemeinsamkeit?

Setzen Sie sich dem Gesprächspartner nie gegenüber (wirkt sonst „gegnerisch"), sondern wenn möglich im Winkel zu ihm. Ist eine derartige Sitzmöglichkeit nicht möglich, dann bitten Sie ihn, sich neben Sie zu setzen. Setzen Sie sich nur bei gleichgeschlechtlichen Gesprächspartnern daneben, ansonsten könnte dieses Verhalten falsch interpretiert werden.

Wie geben Sie Ihrem Gesprächspartner zu verstehen, dass er nicht verängstigt sein muss? Wie geben Sie ihm Sicherheit?

Setzen Sie sich nicht in einen repräsentativen Chefsessel, der zudem noch höher positioniert ist als der Ihres Gesprächspartners. Lehnen Sie sich in Ihrem Stuhl nicht zurück, sondern versuchen Sie, den Abstand zu verringern. Beugen Sie sich etwas über den Tisch, ohne jedoch aufdringlich zu wirken.

Exkurs: Neurolinguistische Programmierung

Einen bedeutenden Ansatz zur erfolgreichen Gesprächsführung bietet die *Neurolinguistische Programmierung* aus den 1970er Jahren, die meist in Kurzform als NLP bezeichnet wird.

Das Tor zur Neurolinguistischen Programmierung hat der 1980 verstorbene amerikanische Psychiater Dr. med. Milton H. Erickson aufgestoßen. Seine Kollegen gaben ihm den Namen „Dr. Hypnosis“ und viele von ihnen weigerten sich, Erickson nur die Hand zu schütteln, weil er sie inzwischen hätte hypnotisieren können. Dabei verbrachte dieser äußerst bescheidene und liebenswürdige Mensch den größten Teil seines Lebens im Rollstuhl.

Vielleicht ist es auf dieses harte Schicksal zurückzuführen, dass Erickson seine Mitmenschen schärfer beobachtete als jemand vor ihm. Die Fähigkeit zu erkennen, was Menschen gerade dachten und fühlten, erlaubte ihm dann auch, zu einem *Magier der Hypnose* zu werden, zu einem Meister der Technik, Menschen in Trance zu versetzen.

Seit damals ist beispielsweise bekannt, dass ein Mensch in eine von sechs verschiedenen Richtungen schaut, je nachdem, was in seinem Kopf vorgeht. Er blickt in eine jeweils andere Richtung, wenn er sinniert oder einen Entschluss fasst. Aber auch auf die Aussagekraft des *Muskelspiels um seine Augen* wurden wir erst durch Erickson und seine geistigen Nachfolger aufmerksam. Erickson entging auch nicht die Aussagekraft der *Unterlippe*, wenn sie voller, breiter, kürzer wird, anfängt zu zittern oder unter der Oberlippe und den Schneidezähnen verschwindet.

Unerschöpflich reichhaltig sind auch die Botschaften der weiteren *Mundmuskulatur*, des Kinns, des Winkels des Unterkiefers, des Spiels des Nasenrückens und der Nasenlöcher, der Atmung und Stimme, der Augenbrauen, der Stirnmuskulatur und der Gesichtsfarbe und vieles mehr.

Topverkäufer stellen sich intuitiv auf die Kunden ein: Verschränkte Arme signalisieren deutlich Abwehrhaltung. Unmut oder Zweifel werden durch Krausen der Stirn angedeutet. Diese Signale der Körpersprache haben Sie bereits auf anderen Seiten dieses Buches kennengelernt.

Doch wer heute erfolgreich arbeiten will, muss wesentlich stärker auf den Kunden eingehen können. Wirklich dauerhaft erfolgreiche Geschäftsleute werden für die Zeitspanne, in der sie sich mit dem Kunden befassen, gleichsam zum *Alter Ego*, zum *anderen Ich* dieses Kunden.

Sie ziehen nicht, komme was wolle, eine einmal als erfolgreich gelernte oder erfahrene Masche durch, sondern schlüpfen in die Haut des Kunden, sehen die Welt mit dessen Augen und spüren sie mit dessen Gefühlen. Und zwar ohne – und das ist die zweite wesentliche Erfolgsvoraussetzung – dabei ihre eigene Identität aufzugeben. Sie stellen sich als eigenständige Persönlichkeit sozusagen hautnah auf die Persönlichkeit ihres jeweiligen Kunden ein.

Diese im feinsinnlichen Wahrnehmungs- und Interpretationsbereich angesiedelte „Kunst“, die die vielberufenen Starverkäufer intuitiv, also eigentlich ohne darüber nachzudenken, völlig aus sich heraus bis zur Perfektion beherrschen, ist heute bis zu einem gewissen Grad für alle Geschäftsleute zugänglich geworden. Das folgende Beispiel erläutert dies näher.

Was ist NLP?

NLP ist auch ein *Programm zur Selbsthypnose und Stressbewältigung*. Sinn der *Selbsthypnose* ist, die eigenen Komfortzonen zu erweitern und positive Gefühle oder Eindrücke auf Wunsch abrufbar zu machen. Ziel dessen ist, dass Probanden wesentlich entspannter und selbstbewusster werden, sodass sie durch ein souveräneres Auftreten ihre Geschäftspartner überzeugen können. Basis für die NLP ist eine Reihe idealisierter und motivationaler Vorannahmen bezüglich des Menschen und seiner Psyche.

Zu den Übungen zählen Suggestionen und Trancezustände, um Erinnerungen zu verstärken, zu konservieren oder wieder hervorzuholen. Entsprechend positive Erinnerungen dienen als Sockel (bzw. *Anker*), um sie als Motivator bei Bedarf einzusetzen.

Üben Sie!

Eine Übung dazu ist eine *Traumreise*, bei der sich die Probanden vorstellen, sie stünden auf einer Wiese. Dann bewegen sie sich über eine Treppe hinab in Richtung eines Strandes, den sie von der Wiese aus sehen konnten. Je näher sie zum Strand kommen, desto lauter wird das Rauschen des Meeres und desto heller scheint die Sonne. Am Strand selbst wird das Gefühl der zunächst groben Kiesel und dann des feiner werdenden Sandes unter der Füßen beschrieben. Danach sollen sich die Probanden am Strand möglichst entspannen und diesen Moment genießen. An diesem einen Punkt soll der Anker gesetzt werden; das positive Gefühl des Urlaubs und der Entspannung ist hierbei ausschlaggebend. Dann bewegen sich die Probanden in ihrer Reise langsam wieder zurück auf die Wiese.

Um den Anker zu festigen, soll diese Übung mehrfach wiederholt werden. Eine Anzahl von sieben Durchläufen ist üblich und wird empfohlen.

Probieren Sie es doch einmal aus!

Den Anker zu setzen bedeutet, dass man aktiv an der Vorstellung des positiven Gefühls festhält, um es dann in Stresssituationen hervorrufen zu können.

NLP optimiert auch die Kommunikation: Sie können Kunden und Geschäftspartner einschätzen und sich in ihre Situation hineinversetzen. Das Ziel dabei ist es, Verhaltensweisen, Gesten und Mimik korrekt zu deuten und sich selbst situationsgemäß zu steuern, sodass Sie optimal auf den Kunden eingehen.

► Tipps für ein gelungenes Kundengespräch

Mit Einwänden professionell umgehen

Wichtig ist noch zu klären, wie Sie als Verkäufer mit einem kritisch mitdenkenden, hartnäckig auf seiner Meinung beharrenden Kunden umgehen können. Elementar ist hierbei, dass Sie immer vom Kunden ausgehen, also seine Situation und seine Problemlage nicht aus den Augen verlieren. Geben Sie ihm niemals das Gefühl, dass Sie ihm eine fremde Meinung aufdrängen wollen. Die folgenden Fragetechniken helfen Ihnen dabei:

Fordern Sie ihn zu *präzisen Angaben* auf bzw. lassen Sie ihn ergänzende Informationen liefern. Gleichen Sie bestehende Nachteile durch Vorteile rasch aus und unterbreiten Sie Kompromissvorschläge. Argumentiert der potenzielle Kunde nach dem Motto: „Aber Firma xy hat ...“ oder „Studien haben gezeigt, dass ...“, dann müssen Sie als Verkäufer darauf mit Detailfragen reagieren. Sie müssen den Kunden zu präzisen Angaben auffordern und ihn dazu bewegen, zu konkretisieren und seine vorgefasste Meinung zu hinterfragen. Nur so können Sie den Kunden für die eigenen Argumente öffnen.

Eine weitere Methode ist, Widersprüchen mit dem *Anführen von Ergänzungen* zu begegnen. Sie signalisieren dadurch nicht, dass Sie etwas nicht wissen oder vergessen haben, sondern nur noch nicht dazu gekommen sind, genau diesen Sachverhalt vorzubringen. Hier bietet sich eine Formulierung an wie „Ich habe sowieso noch ergänzen wollen, dass …“. So kommt nicht erst der Verdacht von mangelnder Kompetenz auf. Sie können auch vom Kunden vorgebrachte Nachteile durch Vorteile abmildern, etwa durch „Sie haben ja Recht, aber andererseits …“. So widersprechen Sie dem Kunden nicht direkt und wirken nicht unsympathisch. Und schließlich können Sie dem Kunden auch hier Kompromissvorschläge unterbreiten, etwa durch eine Formulierung wie „Was halten Sie davon, wenn wir uns einigen, dass …“. Hier gilt auch, dass Sie eine gewisse Konsensmentalität signalisieren oder diese zumindest vorgeben.

Fehler, die Sie als Verkäufer im Kundengespräch machen können, decken sich übrigens stark mit den Fehlern im allgemeinen Teil der Rede: Argumentieren Sie also nie am Kunden vorbei oder „kleistern“ Sie ihn auf keinen Fall mit Argumenten zu. Denken Sie immer daran, sich auf das Wesentliche zu beschränken, denn Ihr Kunde hat nur eine begrenzte *Aufmerksamkeitsspanne*. Bauen Sie zum Kunden ein Wir-/Du-/Ihr-Gefühl auf und vermeiden Sie Fachchinesisch, wenn dieser nicht gerade ein Experte auf dem Gebiet ist.

✱ Gut zu wissen!

Abweisendes Verhalten kann der Kunde übrigens durch Aussprüche wie „Ich habe keine Zeit!“ oder „Es besteht aktuell kein Bedarf!“ signalisieren. Wenn der Kunde so reagiert, sollten Sie herausfinden, ob der Kunde tatsächlich nicht kann oder nur nicht will. Wenn kein Bedarf besteht, müssen Sie ermitteln, ob dies wirklich der Fall ist oder ob kein Budget vorhanden ist. Wenn Letzteres gegeben ist, könnten Sie z.B. Finanzierungsstrategien ansprechen. Wenn das Argument „Ich habe bereits zuverlässige Geschäftspartner“ aufkommt, sollten Sie über Benchmarking aufdecken, ob diese Gesprächspartner wirklich zuverlässig sind. Wenn dies nicht der Fall ist, können Sie entsprechend argumentieren. Auch wenn der Kunde sagt „Ich glaube nicht daran ...“, dann müssen Sie dagegen argumentieren und auf Referenzkunden verweisen. Diese Hartnäckigkeit zahlt sich in Kundengesprächen meist aus. Die Tabelle auf der folgenden Seite gibt Ihnen einige hilfreiche Tipps.

	keine Zeit	**kein Bedarf**	**Kunde hat bereits zuverlässige Geschäftspartner**	**Kunde glaubt nicht an Sie/Ihre Firma**
Reaktion	Wann haben Sie Zeit?	Wann besteht wieder Bedarf?	kein Einwand	herausfinden, in welchem Punkt Kunde misstraut
Ziel	herausfinden, ob Kunde nicht will oder nicht kann	herausfinden, ob tatsächlich kein Bedarf besteht oder Budget fehlt	langfristig am Ball bleiben und Kunden dadurch gewinnen	Vertrauen gewinnen durch Aufführung von Referenzkunden
Konsequenz	zum nächsten Kunden gehen	zum nächsten Kunden gehen	Stärken und Schwächen der Konkurrenz analysieren	zwischenzeitlich zum nächsten Kunden gehen

Checkpoints: So reagieren Sie in Kundengesprächen richtig

Auch als der beste Verkäufer werden Sie bei kritisch mitdenkenden Kunden auf Einwände stoßen! Dieser Abschnitt soll Ihnen helfen, im (Firmen-)Kundengespräch zu bestehen. Im Folgenden erhalten Sie einige Tipps zum besseren Umgang mit Einwänden im Berufsalltag.

Den Einwand von Kunden positiv bewerten

Lassen Sie sich von Einwänden der Kunden nicht einschüchtern. Der Einwand zeigt Ihnen vielmehr, wo zusätzliche Information nötig ist, wo ein Missverständnis vorliegt oder eventuell die Situation des Kunden vom Verkäufer falsch eingeschätzt wurde. Es gibt verschiedene Einwände, die Sie unterscheiden sollten:

- echter Einwand (berechtigt oder unberechtigt)
- unechter Einwand (Vorwand, Ausrede, Scheineinwand)
- Prüfeinwand
- soufflierter Einwand
- Einwand als getarnter Druckversuch

Vermeiden Sie folgende bekannte Fehler im Widerlegen von Einwänden:

- sich beleidigt geben
- sich persönlich angezweifelt fühlen

- den Kunden an die Wand spielen
- den Kunden lächerlich machen
- die Einwände herabwürdigen
- Kundenkonkurrenz als Gegenbeweis zitieren bzw. sie ihm als Vorbild vorhalten

Richtig dagegen ist es:

- den Einwand des Kunden ernsthaft entgegenzunehmen,
- dem Kunden recht zu geben, wo dies möglich ist,
- die bisher gegebene Information mit ergänzender Argumentation zu vervollständigen oder zu belegen, wenn er daran zweifelt.

Denken Sie stets daran: Sie müssen als Verkäufer Bedarf wecken und diesen nicht nur decken.
Mit *Abfangformulierungen* vermeiden Sie übrigens direktes Widerlegen des Kunden und bauen dadurch geschickt eine Brücke von seiner abweichenden Meinung hin zu Tatsachen auf, die Sie als Bausteine der nachfolgenden Argumentation verwenden, um Ihren Kunden doch noch von der Vorteilhaftigkeit Ihres Angebots zu überzeugen.

Im *Überzeugungsprozess* müssen Sie allzeit durch die Kundenbrille blicken und dadurch seine Probleme, Interessen und Wünsche erkennen. Nur so vermitteln Sie ihm das Gefühl, ihm Ihr Angebot nicht aufzudrängen. Im Gegenteil: Sie müssen ihm den Eindruck vermitteln, eine passende Lösung für ihn zu finden.

Eine geschickte *Fragetechnik* lässt sich wirksam mit der Beantwortung von Einwänden verbinden, besonders wenn Ihr Kunde unbeweisbare Behauptungen aufstellt oder sonst wie unbewusst im Irrtum ist. Durch die Fragetechnik können Sie ihn zum Mitdenken animieren, ihn sogar Lösungen miterarbeiten lassen. Stufenweise bringen Sie ihn so zu den entscheidenden Einsichten, womit er sich das Passende letztlich selbst verkauft. Hier gilt: Eigene Gründe überzeugen stärker als aufgedrängte! Diese Fragetechnik kann aber auch eine wichtige Hilfe sein, um *zögernde Kunden* zum Entschluss zu führen.

✱ Gut zu wissen!

Denken Sie daran, dass auch *optische Hilfen* Einwände schnell entkräften können. Sollten Sie die Möglichkeit haben, Ihr Angebot bzw. Produkt vorzuführen, so tun Sie dies. Eine Vorführung ist die beste Beweisführung.

Und: Bleiben Sie im Verkauf stets seriös. *Seriosität* zahlt sich immer aus und hilft Ihnen dabei, eine langfristige Partnerschaft aufzubauen. Plumpe Druckversuche bewirken hingegen das Gegenteil. Denken Sie deswegen auch in kritischen Situationen daran: „Stark ist, wer Widerstand ohne Kampf zu überwinden vermag!“ und „Stärke wächst im Geduldgarten!“. Auch Humor und rhetorisches Ausdruckvermögen schaffen eine positive Gesprächsatmosphäre und suggestive Sympathieübertragung.

Von hoher rhetorischer Kunst zeugt es, wenn Sie als Verkäufer gelegentlich den Kunden so steuern, dass dieser zu bestimmten Einwänden verleitet wird, die Sie als Verkäufer problemlos und vor allem überzeugend beantworten können. Eine Taktik kann dabei auch sein, als Verkäufer gewisse *Einwände selbst einzuflechten*, um diese gleich darauf mit verblüffend überzeugender Argumentation zu widerlegen. Das vermittelt Objektivität und fachliche Autorität.

Nur bloßes Zur-Kenntnis-Nehmen der vielen Methoden geschickter Einwandswiderlegung genügt natürlich nicht, um auch in der Praxis Erfolg zu haben. Systematisches Erarbeiten von Einwandslisten und entsprechenden Antworten sowie praxisnahes Einüben von Widerlegungstechniken mittels Rollenspielen sichern erst den Erfolg. *Good Business* wird häufig in Verbindung gebracht mit: Überzeugung durch erfolgreichen Umgang mit Einwänden.

Sympathieaufbau in vier Stufen

1. Kontakt	2. erste Wertung	3. Bestätigung	4. Dauerbeziehungen
physische/ psychische Wirkung	Orientierung	Suche nach Übereinstimmung und Sympathieausbau	Vertiefung und Weiterausbau
Gefühl der Akzeptanz	Vertrauens- und Sicherheitsvermittlung	Orientierung am Partner	positive Erfahrungen
Körpersprache	Beachtungsart (Einfühlungsart, Interesse)	Übereinstimmung	Übereinstimmung
Mimik	Dialogbereitschaft		
Art (Begrüßung usw.)	Gefühle wecken (Sicherheit, Zutrauen)	gemeinsame Interessen	Kooperation

Sympathie stellt sich dar als Summe vieler Gemeinsamkeiten, wie z.B. gleiche Ansichten zu einzelnen Problemen. Aber auch äußerliche Merkmale wie z.B. die gleiche Körpergröße oder Haarfarbe wirken positiv. Doch wie schaffen Sie es, in einem Kundengespräch gezielt *Sympathie* aufzubauen? Ganz einfach: Lächeln Sie! Darüber hinaus sollten Sie abwertende Formulierungen jeglicher Art vermeiden. Zudem bietet es sich an, in der Wir-Form zu sprechen, etwa „Wir müssen bedenken …“. Mit diesem *partnerbezogenen Gesprächsstil* beziehen Sie Ihren Kunden mit ein, sofern Sie damit auf dem aufbauen, was der Kunde geäußert hat. Durch diese Maßnahmen schaffen Sie eine gemeinsam Basis, bei der Ihr Kunde und Sie auf Augenhöhe und damit gleichberechtigt sind.

Daneben gibt es auch rhetorische Verhaltensweisen, mit denen Sie sich gezielt *unsympathisch* machen können, etwa durch belehrende Redewendungen wie „Jetzt hören Sie mir mal zu …“ oder „Was ich Ihnen noch sagen wollte …“. Auch *unnötige Diskussionen* belasten das Kundengespräch. Bedenken Sie, dass es nicht immer wichtig ist, in allen Punkten einer Meinung zu sein, denn Sie können auch bei abweichenden Ansichten ein gemeinsames Ziel erreichen.

Den richtigen Ton treffen

Ganz egal, was Sie tun – es kommt im Kundengespräch immer auf den richtigen Ton an. Viele Kunden reagieren schnell negativ, wenn Sie zum falschen Ton greifen, selbst dann, wenn Sie es eigentlich gut gemeint haben.

Verwenden Sie besser „Sie“ als „ich“, denn was Sie tun, denken, fühlen und wollen, ist für den Kunden meist nicht besonders interessant. Für Ihren Kunden, der Geld bei Ihnen ausgeben möchte, zählt vielmehr das, was er selbst denkt, fühlt und will. Stellen Sie die Wünsche Ihres Kunden also in den Vordergrund.

✱ Gut zu wissen!

Prüfen Sie selbst, welchen Eindruck folgende Formulierungen auf Sie machen:

- „Ich zeige Ihnen jetzt…“
- „Ich demonstriere Ihnen…“

Bei diesen Formulierungen stellen Sie sich in der Vordergrund. Besser: Stellen Sie die Leistung und Ihren Kunden als Mensch in den Vordergrund. Geeignete Formulierungen sind:

- „Hier sehen Sie…“
- „Stellen Sie sich vor…“
- „Möchten Sie sich überzeugen, dass …“

Bei dieser Formulierungsregel gibt es aber eine Ausnahme: Vermeiden Sie unter allen Umständen die Sie-Form, wenn Sie Kunden etwas Negatives oder Abschlägiges sagen müssen. Dann sollten Sie den Satz möglichst neutralisieren oder die „Schuld“ auf sich nehmen. Also sagen Sie nicht „Da befinden Sie sich aber im Irrtum“, sondern „Entschuldigen Sie, da habe ich mich vielleicht etwas undeutlich ausgedrückt“.

Vermeiden Sie „könnte“, „hätte“, „täte“, denn das ist für Ihren Kunden uninteressant. Interessanter sind für ihn Aussagen „kann“, „hat“ und „tut“. Der *Konjunktiv* relativiert eine Aussage nur unnötig. Er lässt Ihre Aussage in der Folge unsicher und unzuverlässig klingen. Besser ist der *Indikativ*, er macht eine Aussage real.

Durch ihn strahlen Sie Sicherheit und Überzeugung aus und treiben die Kaufentscheidung voran.

Assoziationen: Gesichter mit Namen verknüpfen

Sprechen Sie nicht nur Ihre Stammkunden mit Namen an, denn das lohnt sich. Zugegeben, es ist nicht einfach, sich eine Vielzahl von Namen auch über eine längere Zeit zu merken. Assoziationen können Ihnen dabei helfen: Merken Sie sich etwas am Kunden, das zu ihm und/oder seinem Namen passt und das Sie vor allem auch spontan damit assoziieren! Ist diese spontane Assoziation nicht möglich, funktioniert die Methode allerdings nicht. Ein Beispiel:

- „Müller" – Assoziation; „Mehl" oder
- „Meier" – Assoziation „Milch"

Schon sehen Sie, wie schwierig die Methode sein kann, denn erinnert Sie „Müller" wirklich an „Mehl"? Selbst wenn das der Fall ist, laufen Sie Gefahr, dass Sie fröhlich Ihren Kunden mit der Assoziation, also mit „Guten Morgen, Herr Mehl" begrüßen. Peinlich, auch wenn die gewählte Assoziation glücklicherweise harmlos ist.

Eine Alternative: Notieren Sie den Namen Ihres Kunden sofort zu Beginn des ersten Kontakts und sprechen Sie ihn im folgenden Gespräch mehrmals mit dem Namen an. Halten Sie dabei unbedingt Blickkontakt, nur so verbinden Sie Gesicht und Namen in Ihrem Kopf miteinander. Schreiben Sie auch nochmals nach dem Gespräch den Namen „frei“ auf. Diese Methode hilft zuverlässig beim Einprägen, denn durch die ständige Wiederholung im Gespräch und den häufigen Einsatz werden Namen verankert.

Legen Sie zudem unbedingt eine *Kundenliste* an, in der Sie die Namen aller Kunden notieren.

■ Der Werkzeugkasten für Ihr Verkaufsgespräch

Sie wollen im Verkaufsgespräch punkten? Dann müssen Sie gut vorbereitet sein! Sogenannte Benchmarks, die SWOT-Analyse und darauf aufbauend die Definition eines Alleinstellungsmerkmals (USP) für Ihr zu verkaufendes Produkt bzw. Ihre zu verkaufende Dienstleistung sind dabei hilfreiche Werkzeuge. Aus diesem Grund soll Ihnen auf den folgenden Seiten hilfreiches Management-Handwerkszeug vorgestellt werden. Auch wenn diese Werkzeuge auf den ersten Blick nichts mit Rhetorik zu tun haben, bieten Sie Ihnen wichtige Argumente und wertvolle Informationen für Ihr Verkaufsgespräch. Besonderes Augenmerk sollten Sie dabei auf die USP legen. Diese müssen Sie für Ihre zu verkaufenden Produkte und Dienstleistungen aus dem Effeff beherrschen. Die Checklisten auf den folgenden Seiten werden Ihnen bei der Formulierung helfen. In der Folge lernen Sie Maßnahmen kennen, wie Sie bei Ihrem Kunden ein Involvement erzeugen und welche sozialtechnischen Regeln in der Kommunikation helfen. Kniffe der Verkaufsrhetorik und Verkaufspsychologie schließen dieses Kapitel ab.

Orientieren Sie sich an Benchmarks

Erfolgreiche orientieren sich oft an Erfolgreichen. Vergleichen Sie sich nur mit den Besten und lernen Sie von ihnen.

Beim sogenannten *Benchmarking* vergleichen Sie die eigenen Produkte, Prozesse, Dienstleistungen, Strategien, Strukturen, Aktivitäten oder auch Verhaltensweisen mit den besten (Unternehmen). Auf diese Weise lernen Sie viel, denn Sie können *Best Practices* identifizieren, diese auf die eigenen Belange anpassen und umsetzen.

Dazu müssen Sie ein *Benchmarking-Projekt* initiieren, das aus vier Phasen besteht. In jeder Phase wird eine Kernfrage – hier bezogen auf ein Unternehmen – bearbeitet:

- Phase 1:
Worin will sich das Unternehmen verbessern?
- Phase 2:
Von wem kann es dabei am besten lernen?
- Phase 3:
Warum hat das Unternehmen Defizite?
- Phase 4:
Was kann es tun, um sich zu verbessern?

Die Dauer der einzelnen Phasen, der Ressourcenbedarf und die Detailplanung sind abhängig vom Projekt.

Phase 1: Benchmarking-Objekte auswählen

In dieser Phase analysieren Sie das eigene Unternehmen mit dem Ziel, die strategisch richtigen Objekte für das Benchmarking-Projekt auszuwählen. Sie identifizieren also die wichtigsten Problembereiche, die mittels eines Benchmarkings verbessert werden sollen. Das sind meist einzelne Prozesse, die besonders wichtig sind, oder Produkte und Services, die verbessert werden sollen.

> Die zentrale Frage lautet:
> Was soll „gebenchmarkt" werden?

Phase 2: Benchmark auswählen

In dieser Phase suchen Sie einen oder mehrere Benchmarking-Partner, mit denen Sie sich vergleichen und von denen Sie lernen können. Sie können:

- intern einzelne Unternehmensbereiche miteinander vergleichen,
- extern sich mit Konkurrenzunternehmen vergleichen,
- extern sich mit anderen Unternehmen vergleichen, die in einem bestimmten Verfahren oder einer bestimmten Methode weltweit als führend gelten.

> Die zentrale Frage lautet:
> Mit wem vergleichen wir uns?

Phase 3: Studie durchführen

In dieser Phase kommt es zum Vergleich zwischen den Benchmarking-Partnern. Es müssen die Leistungslücken identifiziert und die Ursachen für diese herausgefunden werden.

> Die zentralen Fragen lauten:
> Wo liegen die Leistungslücken?
> Warum bestehen Leistungslücken?

Phase 4: Ergebnisse umsetzen

In der letzten Phase planen und realisieren Sie die Umsetzung der Maßnahmen, die aus den Ergebnissen der Studie abgeleitet werden. Sie führen also die *Best Practices* der Benchmarking-Partner ein und kontrollieren die Ergebnisse. Danach können Sie ein neues Benchmarking-Projekt starten.

✱ Gut zu wissen!

Benchmarking ist eine Methode, das eigene Unternehmen, die Produkte oder Prozesse mit der Benchmark zu vergleichen und geeignete Maßnahmen zur Verbesserung abzuleiten. Meist vergleichen die Initiatoren dabei nur ausgewählte Prozesse und nicht die ganze Firma.

Eine Benchmark ist ein Referenz- oder Vergleichswert, der in seiner Branche oder im Vergleich mit allen anderen als der beste gilt.

Benchmarking ist für erfolgreiche Unternehmen ein iterativer Prozess, solange es am Markt tätig ist.

Alleinstellungsmerkmale (USP) hervorheben

Nachdem Sie sich mit den eigenen Produkten und Dienstleistungen im Rahmen des Benchmarkings beschäftigt haben, wenden Sie sich nun zum einen der Analyse der Ausgangssituation und zum anderen der Prognose der Entwicklung eigener und fremder Stärken und Schwächen zu.

Diese sogenannte *SWOT-Analyse* ist die Vorarbeit zur Entwicklung einer Vertriebsstrategie als Voraussetzung der Eruierung der sogenannten USP, auf die in der Folge noch näher eingegangen wird. Das Wort SWOT setzt sich zusammen aus

- **S** = Strength (Stärken),
- **W** = Weaknesses (Schwächen),
- **O** = Opportunities (Chancen) und
- **T** = Threats (Risiken).

Diese Form der Situationsanalyse beinhaltet die *Chancen* und *Risiken* der Umwelt (Analyse *externer* Faktoren) wie Marktentwicklung, Wettbewerber, Diskontinuitäten u.a.

Untersuchungsgegenstand der *Stärken* und *Schwächen* des Unternehmens (Analyse *interner* Faktoren) können die Erstellung eines Ressourcenprofils, die Ermittlung spezifischer Charakteristika und die Identifikation spezifischer Kompetenzen sein.

Das Eruieren von Stärken und Schwächen und Identifizieren ungenutzter Potenziale für Wettbewerbsvorteile führt dann zur Fragestellung:

- „Wie setzen wir unsere Stärken ein, um die Chancen des Marktes zu nutzen?“ und
- „Welche Stärken zeichnen uns insbesondere gegenüber anderen aus?“

Damit sind wir beim Marketing-Begriff des sogenannten *Alleinstellungsmerkmals* (engl. *unique selling proposition* oder *unique selling point* oder kurz *USP*). Dieser wird in Marketing und Vertrieb wie auch in der Verkaufspsychologie als das herausragende Leistungsmerkmal bezeichnet, mit dem sich ein Angebot signifikant (deutlich) vom Wettbewerb abhebt. Weniger gebräuchlich sind die gleichbedeutenden Begriffe *veritabler Kundenvorteil* und *unverwechselbares oder zumindest herausragendes Differenzierungsmerkmal zur Konkurrenz*. Diese USP soll dem Kunden einen einzigartigen Verkaufsvorteil oder besser Kundennutzen stiften.

Die USP muss auf die vier Dimensionen Produkt, Preis, Kommunikation, Distribution (engl. *4Ps* = product, price, promotion, place, diese sind Ihnen vielleicht bereits aus dem *Marketingmix* bekannt) ebenso wie auf die jeweilige Kundenzielgruppe (durch Marktforschung, Umfragen, Analysen etc.) abgestimmt sein. Sie ist fest mit dem Produkt oder der Dienstleistung verbunden. Weil die USP nicht austauschbar ist, muss der Kunde genau dieses Produkt oder diese Dienstleistung wählen, wenn er diesen einzigartigen Vorteil nutzen möchte. Speziell für Dienstleistungen kommen noch drei weitere Ps hinzu, die sogenannten *+3 Service-Ps*: Sie lauten process (Prozessmanagement), people (Personalpolitik) und physical evidence (Ladengestaltung etc.).

Das Alleinstellungsmerkmal als Mittelpunkt der Verkaufsargumentation ist im Leistungsprogramm zu suchen, das neben den eigentlichen Leistungen (physisches Produkt, bei Dienstleistungen Kernleistung) auch Zusatz- und Serviceleistungen beinhaltet. Gerade in der sich immer weiter angleichenden Leistung in unserer globalisierten Welt (identische Vorlieferanten) erhalten zunehmend Zusatz- und Serviceleistungen das Prädikat USP. Es sollte mindestens mittelfristig gültig sein (bzw. im Zeitverlauf Bestand haben), also nicht morgen von Mitbewerbern imitiert werden können. Zudem sollten Sie es auf die Zielgruppe anpassen. Folglich können USPs für verschiedene Zielgruppen durchaus unterschiedlich sein. Ein Beispiel: Eine herausragende Qualität ist für Westeuropäer durchaus ein Kaufkriterium, für Einkäufer in Schwellenländern hingegen nicht.

Nutzenvorteile müssen nachvollziehbar begründet sein, um deren Wirkung zu steigern. Der sogenannte *Reason why* sollte beim Produkt bzw. der Dienstleistung möglichst nicht offensichtlich sein. Marketingexperten beschränken sich meist auf nur einen aussagekräftigen *Reason why*, da mehrere Begründungen die Wirkung aufgrund der damit einhergehenden Unglaubwürdigkeit verwässern.

✱ Gut zu wissen!

Diese Denkweise lässt sich übrigens auch in das Persönlichkeitsmarketing übertragen: Auch Sie als Mitarbeiter brauchen eine USP, denn der Arbeitsmarkt ist zunehmend durch austauschbare Bewerber gekennzeichnet, die ähnliche Kompetenzen (z.B. ein Bachelor-Abschluss der Betriebswirtschaftslehre) haben. Durch das Internet und die Globalisierung können Arbeitgeber zudem auch auf ausländische Absolventen zurückgreifen, was die Konkurrenzlage für Sie zunehmend verschärft. Folglich können auch für Sie studienbegleitende Aktivitäten („Services“) und (pro-) aktive Antizipation und Umsetzung von Wünschen der Personalabteilung eine entscheidende persönliche USP sein. Einige Führungskräfte und Mitarbeiter achten darüber hinaus auf optische Alleinstellungsmerkmale. Das kann zum Beispiel eine große Nerdbrille oder auch ein grellfarbiges Einstecktuch im Sakko sein, das Sie stets tragen.

Checkliste zur USP-Formulierung

Potenzielle USPs identifizieren

Mitarbeiter unterschiedlicher Unternehmensbereiche sowie externe Berater und Langzeitkunden analysieren eine vermeintliche USP in acht Schritten:

[1] Haben Sie das Produkt bzw. die Dienstleistung abgegrenzt, für welche(s) Sie eine USP-Nutzenargumentation erarbeiten wollen?

[2] Haben Sie Märkte und potenzielle Geschäftskunden des Produkts bzw. der Dienstleistung bestmöglich definiert? Und: Haben Sie die Konkurrenzunternehmen identifiziert?

[3] Haben Sie sich in die Situation des Kunden versetzt und seine Sichtweise eingenommen bzw. Ihre Verkäuferebene verlassen?

[4] Sind Sie in der Lage, die zuvor festgestellten Kundenwünsche auch zu erfüllen (Expertensicht)?

[5] Bietet Ihr Produkt/Ihre Dienstleistung die ermittelte Eigenschaft, um den wichtigsten Kundenwunsch erfüllen zu können? Und: Ist das auch mittel- bis langfristig der Fall (z.B. abgesichert durch Patente)?

[6] Wer ist alles am Umsetzungsprozess beteiligt?

[7] Welche Kundenwünsche können Ihre Wettbewerber ebenso oder sogar besser qualifiziert erfüllen (Mitbewerberanalyse)?

[8] Haben Sie die Alleinstellungsmerkmale (USPs) gewichtet, um zu einer kundenorientierten Nutzenargumentation zu gelangen (USP-Nutzwertanalyse)?

Potenzielle USPs analytisch bewerten

Für eine USP gelten folgende Kriterien. Inwieweit sind diese erfüllt?

Kriterium	Erfüllungsgrad						Gewichtungsfaktor	Ergebnis
	1	2	3	4	5	6		
aktivierend	☐	☐	☐	☐	☐	☐	x 9	
bedeutend	☐	☐	☐	☐	☐	☐	x 6	
wahr	☐	☐	☐	☐	☐	☐	x 7	
glaubwürdig	☐	☐	☐	☐	☐	☐	x 6	
genau	☐	☐	☐	☐	☐	☐	x 5	
kompetitiv	☐	☐	☐	☐	☐	☐	x 8	
assoziativ	☐	☐	☐	☐	☐	☐	x 6	

merkfähig	☐	☐	☐	☐	☐	☐	x 4	
motivierend	☐	☐	☐	☐	☐	☐	x 9	
markenexklusiv	☐	☐	☐	☐	☐	☐	x 6	
emotional aufladbar	☐	☐	☐	☐	☐	☐	x 5	
unterscheidungs-stark	☐	☐	☐	☐	☐	☐	x 6	
Umsetzung möglich	☐	☐	☐	☐	☐	☐	x 7	
me-too sicher	☐	☐	☐	☐	☐	☐	x 4	
geschützt (Patent o.Ä.)	☐	☐	☐	☐	☐	☐	x 3	
mediengerecht	☐	☐	☐	☐	☐	☐	x 7	
Summe der jeweiligen Handlungsalternative / USP								

*** beispielhaft**

Geeignete USP-Merkmale bestimmen

Haben Sie bereits die vier möglichen Dimensionen (Politiken) für Ihr eigenes Produkt oder Dienstleistung genau identifiziert? Wenn ja, bitte bewerten Sie diese individuell und prüfen Sie diese hinsichtlich einer Eignung als USP.

Produktpolitik

	als USP					
	geeignet					nicht geeignet
Produktinnovation	☐	☐	☐	☐	☐	☐
Produktqualität	☐	☐	☐	☐	☐	☐
Produktvariation	☐	☐	☐	☐	☐	☐
Produkt-differenzierung	☐	☐	☐	☐	☐	☐
Produkt-markierung	☐	☐	☐	☐	☐	☐
Service	☐	☐	☐	☐	☐	☐
Verpackung	☐	☐	☐	☐	☐	☐
Programmpolitik	☐	☐	☐	☐	☐	☐

Preispolitik

	als USP					
	geeignet					nicht geeignet
Preishöhe	☐	☐	☐	☐	☐	☐
Preisabfolge	☐	☐	☐	☐	☐	☐
Preisdifferenzierung	☐	☐	☐	☐	☐	☐
Rabatte	☐	☐	☐	☐	☐	☐
Zahlungs-bedingungen	☐	☐	☐	☐	☐	☐

Kommunikationspolitik

	als USP					
	geeignet					nicht geeignet
Werbung	☐	☐	☐	☐	☐	☐
Verkaufsförderung	☐	☐	☐	☐	☐	☐
Direct-Marketing	☐	☐	☐	☐	☐	☐
Public Relations	☐	☐	☐	☐	☐	☐
Sponsoring	☐	☐	☐	☐	☐	☐

Product Placement	☐	☐	☐	☐	☐	☐
Persönliches Gespräch	☐	☐	☐	☐	☐	☐
Kommunikation	☐	☐	☐	☐	☐	☐
Messen	☐	☐	☐	☐	☐	☐

Distributionspolitik

	als USP					
	geeignet					**nicht geeignet**
Wahl der Absatzwege	☐	☐	☐	☐	☐	☐
Einsatz von Verkaufsorganen	☐	☐	☐	☐	☐	☐
Vertriebsstruktur	☐	☐	☐	☐	☐	☐
Vertriebs-organisation	☐	☐	☐	☐	☐	☐
Vertriebssysteme	☐	☐	☐	☐	☐	☐
Logistik	☐	☐	☐	☐	☐	☐

Ein Involvement beim Kunden erzeugen

Involvement ist laut Definition die Aktivierung einer Person zur Suche, Aufnahme, Verarbeitung und Speicherung von Informationen. Auf den folgenden Seiten erfahren Sie, wie Sie den Kunden überhaupt dazu bewegen, sich über Ihr Produkt Gedanken zu machen. Wie rufen Sie die Aufnahmebereitschaft des Kunden hervor? Hier gelten ähnliche Regeln wie bei der Rede, bei der Sie auch die Einleitung so gestalten müssen, dass Ihr Publikum überhaupt aufnahmebereit für die Inhalte im Hauptteil ist.

Um das *Konzept des Involvements* zu betrachten, wird an dieser Stelle in Kürze die grundsätzliche Funktionsweise der Informationsverarbeitung des Menschen erläutert. Es gibt beim Menschen *aktivierende* und *kognitive psychische Prozesse*:

- Aktivierung stellt das Ziel der Marketingaktivitäten dar. Der Kunde soll sich mit der Werbung und dem Produkt auseinandersetzen.
- Die kognitiven Prozesse stellen den Ablauf dar, nämlich die Verarbeitung der vorherrschenden Informationen im Gedächtnis des Kunden.

Um den Kunden zu aktivieren, muss er emotional, kognitiv und/oder physisch angesprochen werden. Emotional wird er durch Schlüsselreize angesprochen, etwa durch ein erotisches Motiv. Kognitiv angeregt wird er hingegen durch das Aufstellen von Widersprüchen, etwa wenn in einer Werbung ein Punk einer alten Frau eine Zigarette anbietet. Optisches, z.B. eine Signalfarbe, kann einen Menschen physisch aktivieren.

Involvement ist nun die gezielte Form der Aktivierung, nämlich wenn diese nicht willkürlich oder zufällig, sondern bewusst und zielgerichtet geschieht. Das ist das Kernanliegen des Marketings. Es gibt hierbei wiederum unterschiedliche Ausprägungen, nämlich langfristiges, situatives, kognitives und affektives Involvement:

- Das *langfristige Involvement* bezieht sich auf hochpreisige, stark risikobehaftete Produkte (z.B. Sportwagen).
- Das *situative Involvement* bezieht sich hingegen auf Spontankäufe (z.B. Nudeln).
- Das *kognitive Involvement* ist stark fachlich geprägt (z.B. Computer) und
- das *affektive Involvement* ist stark emotional geprägt (z.B. Rockmusik).

Der Grad dieser Auseinandersetzung lässt sich jeweils in *high Involvement* (hohes Risiko; z.B. Kauf einer Eigentumswohnung) und *low Involvement* (geringes Risiko; z.B. Kauf eines Kaugummis) unterteilen.

Doch wie können Sie sich als Verkäufer dieses Konzept zunutze machen? Oder anders gefragt: Wie können Sie Ihren Kunden aktivieren?

Sie müssen dem Kunden suggerieren, dass eine Verbindung zwischen Kunden und dem Produkt besteht, in emotionaler und/oder in inhaltlicher Sicht. Hierbei gibt es zahlreiche Aktivierungstechniken, die Sie nutzen können. Der Mensch funktioniert nach bestimmten Mustern und kann durch entsprechende Argumentation in fachlicher oder emotionaler Hinsicht in die gewünschte Richtung bewegt werden. Ein Mensch hat hierbei gewisse Grundbedürfnisse, die er vorrangig gegenüber anderen Bedürfnissen befriedigt haben will. Sind zum Beispiel Existenz und Sicherheit nicht vollständig befriedigt, dann hat diese Person kein Interesse an der Verwirklichung von Bedürfnissen wie Anerkennung und Selbstverwirklichung. Sie müssen deswegen die Bedürfnisse des Kunden erkennen und Ihre weiteren Maßnahmen daran ausrichten.

Häufig bestehen bei Kunden Zielkonflikte zwischen zwei oder mehr Alternativen. Sie als Verkäufer können sich dies durchaus zunutze machen, indem Sie genau diesen Konflikt für den Kunden auflösen. Es gibt zwei Einstellungen, die Ihr Kunde gegenüber einer Alternative einnehmen kann. Er kann der Alternative

- zugewandt (Appetenz) oder
- abgeneigt (Aversion) sein.

Zwischen zwei Alternativen können Zielkonflikte entstehen.

- Besteht z.B. ein *Appetenz-Appetenz-Verhältnis*, dann ist Ihr Kunde zwischen zwei von ihm präferierten Alternativen unschlüssig. Durch Kommunikationspolitik können Sie ihm suggerieren, dass die eine Alternative deutlich besser als die andere ist. Das können Sie auf der argumentativen oder auf der emotionalen Ebene machen.

- Ein *Appetenz-Aversions-Verhältnis* besteht dann, wenn Ihr Käufer etwas Negatives für etwas Positives in Kauf nehmen muss. In diesem Fall könnten Sie durch gezielte Gestaltung der Produktpolitik das Negative abmildern.
- Ein *Aversions-Aversions-Verhältnis* besteht, wenn der Kunde gezwungenermaßen eine von zwei von ihm als negativ eingeschätzten Alternativen wählen muss. Sie müssen dann als Verkäufer eine Vergleichsrechnung aufmachen, in der eine der beiden Alternativen als die bessere klassifiziert wird – auch hier können Argumente oder geweckte Emotionen helfen.

Besonders *Emotionen* beschreiben die aktuelle Gefühlslage Ihres potenziellen Kunden (Grad der Erregung). Ihre Aufgabe als Verkäufer ist es, diese zu ermitteln und das zu verkaufende Produkt damit zu verbinden. Ein Beispiel: Eine deprimierte Frau möchte sich ein Kleid kaufen, um ihre Stimmung aufzuhellen. Sie könnten ihr fröhliche Menschen in einem Katalog zeigen, die Kleider tragen.

Daneben können Sie aber auch Emotionen konkret ansprechen, die Ihr Kunde am ehesten mit dem Produkt verbindet. Dadurch befriedigen Sie die Erwartungshaltung des Kunden. Ein Beispiel: Ein energiesparendes Auto fährt trotzdem schnell über eine Autobahn.

Kommunikationspolitische Spielregeln beachten

Wie können Sie über die inhaltliche und emotionale Ausgestaltung von Werbeinhalten den Kunden zum Kauf bewegen? Bedenken Sie, dass jede Verkaufsbotschaft doppelt gefiltert wird: Der Verkäufer ruft die Informationen aus dem Gedächtnis ab, der Empfänger hört die Werbebotschaft und integriert sie seinerseits ins Gedächtnis. Damit dabei möglichst wenig verloren geht und die Botschaft in Ihrem Sinne beim Käufer ankommt, müssen Sie den Inhalt nach bestimmten *sozialtechnischen Regeln* gestalten und präsentieren.

*** Gut zu wissen!**

Sozialtechnische Regeln sind grundlegende Gestaltungsregeln, die beschreiben, wie die soziale Umwelt zu gestalten ist, damit Menschen beeinflusst werden können. Die hierfür notwendigen Schritte sind:

- Kontakt herstellen,
- Aufnahme der Kommunikationsbotschaft,
- Emotionen vermitteln,
- Verständnis erreichen und
- im Gedächtnis verankern.

Sie haben bereits sicher selbst bemerkt: Diese Vorgehensweise weist Parallelen zur Gestaltung der *klassi-*

schen Rede auf. Erzeugen Sie ebenso wie in der Einleitung der klassischen Rede Wohlwollen, um Kontakt herzustellen. Signalisieren Sie dem potenziellen Kunden, dass er Vorteile erreichen kann. Sie können dies

- physisch, etwa durch eine großformatige und schrille Anzeige,
- emotional, etwa durch die Verwendung des Schlüsselreizes Sicherheit, oder
- kognitiv, etwa durch Widersprüche im Rahmen von Schockwerbung,

tun. Durch sogenannte *Frequenz-* und *Remindertechniken* erhöhen Sie die Aufmerksamkeit nachhaltig – konkret durch mehrere kurze und häufigere Werbespots sowie die Kombination von Fernsehwerbung und Print- bzw. Onlineanzeigen. Halten Sie, um die Aufnahme der Kommunikationsbotschaft beim Kunden zu sichern – wie in der klassischen Rede – die Aufmerksamkeit dauerhaft und sichern Sie so die Integration der Botschaft in die Gedächtnisstruktur des Kunden. Vergessen Sie dabei nicht, dass der Kunde eine kurze Aufmerksamkeitsspanne hat. Halten Sie die Botschaft möglichst knapp und setzen Sie *Bilder* zur Unterstützung ein.

Ein weiteres Konzept zur Erleichterung der Aufnahme einer Werbebotschaft ist die Vermittlung von *Emotionen.* Wie im Behaviorismus gilt es, das Produkt mit einem bestimmten Reiz zu verknüpfen, der vom Kunden als angenehm betrachtet wird (z.B. feiernde Menschen mit entsprechender Biermarke am Strand). Wird dies mit hoher Frequenz gezeigt, integriert der Kunde diese Verbindung im Kopf und verbindet schließlich die Biermarke mit positiven Gefühlen.

Als Verkäufer muss es Ihr Ziel sein, Verständnis zu erreichen, ebenso wie der Redner in der klassischen Rede, der durch seine Beweisführung Glaubwürdigkeit erzielen will. Stellen Sie eine *Konsistenz* zwischen Headline, Text und Bild her. Nach Studien schauen sich

- 60–70 Prozent der Menschen das Bild,
- 20 Prozent die Headline und nur
- 10–20 Prozent den Text an.

Nur bei hohem Involvement wird auch der Text gelesen. Ihre Aufgabe ist es, die Botschaft möglichst schon über das Bild oder die Headline zu vermitteln. Erfüllen Sie entweder die Erwartungen oder durchbrechen Sie ein gespeichertes Schema (siehe Widersprüche herstellen). Achten Sie des Weiteren auf kurze, aussagekräftige Formulierungen.

Schließlich müssen Sie wie beim Redeschluss der klassischen Rede die Informationen im Gedächtnis verankern. Als Verkäufer ist es Ihre Aufgabe, das Erinnern zu fördern. Das tun Sie über die einprägsame Gestaltung von Texten und das Bedienen von *Schemavorstellungen*, z.B. das Bild eines Liebespaares, das „ewige Liebe“ signalisiert. Über einprägsame *Schlüsselbilder* (z.B. ein grünes Segelschiff einer Biermarke) und das Aufzeigen unterscheidbarer Details grenzen Sie sich von den Konkurrenten mit deren Standardmustern (z.B. rotes anstatt weißes Brautkleid) ab. Der Aufbau solcher Muster – das Branding – nimmt einige Zeit in Anspruch. Das lohnt allerdings, denn das Branding fördert das Alleinstellungsmerkmal.

✱ Gut zu wissen!

Eine weitere Maßnahme zur Förderung der Integration ist das Zusammenspiel unterschiedlicher Medien (z.B. zwischen Kommunikationsträgern wie Fernsehen, Internet, Radio, Zeitungen).

Instrumente der Verkaufsrhetorik nutzen

Mit Instrumenten der Psychologie, der Logik und durch geschickte Fragestellung können Sie potenzielle Käufer zur Aktivierung und Aufnahme oder zum Abruf von Informationen bewegen. Damit verfolgen Sie das Ziel eines Kaufs oder Wiederkaufs.

Sie können Ihren Kunden sowohl *objektiv und rational* als auch *subjektiv und emotional* ansprechen:

- Bei einer objektiv-rationalen Argumentation geht es darum, dass die Inhalte verstanden und die gewünschten Schlüsse gezogen werden. Es wird so argumentiert, dass die Argumentation für die Gemeinschaft aller vernünftig Denkenden gültig ist („sich an die Vernunft wenden").

- Dagegen spricht die subjektiv-emotionale Argumentation gewisse Schlüsselreize an, z.B. Liebe, Trauer und Hass.

Das Konzept der Psychologie regt Stimmungen an, das Konzept der Logik spricht hingegen die Vernunft an.

Das *Konzept Psychologie* hängt eng mit dem Konstrukt des Behaviorismus zusammen: Es werden angenehme Assoziationen zwischen einem Produkt und einer für den Kunden als positiv angesehenen Sache hergestellt. Sie übertragen hier also das Positive auf das Gesagte. Des Weiteren versuchen Sie als Sprecher mithilfe von Wort, Gestik und Mimik einen Einklang zwischen Erwartungen und Möglichkeiten zu schaffen. Durch direkte Ansprache des Kunden erzeugen Sie sein Involvement, erzeugen ein Wir-Gefühl und zugleich verlässliche Kompetenz.

Um den Transfer von positiven Emotionen auf eine bestimmte Sache zu erreichen, müssen Sie eine sog. *Emotionale Intelligenz* (EQ als Pendant zum IQ) aufbauen. Sie sollten in der Lage sein, eigene Emotionen zurückzustellen (z.B. bei gereizter Stimmung), diese sachlich abzuhandeln und angemessen (rational) zu reagieren.

Der andere Komplex der Verkaufsrhetorik ist das *Konzept der Logik*. Hier müssen Sie als Verkäufer anhand vernünftiger Schlussfolgerungen das Verhalten des Kunden maßgeblich beeinflussen. Wobei Sie beachten sollten, dass Korrektheit und Plausibilität nicht unbedingt miteinander einhergehen müssen: Was für den Kunden schlüssig ist und ihn letztendlich zum Kauf bewegt, ist eine erfolgreiche Maßnahme. Maßgebend sind dabei die Konzepte bezüglich der menschlichen Informationsaufnahme und des Informationsabrufes. Diese müssen Sie als Verkäufer zum eigenen Vorteil nutzen.

Durch den Einsatz geschickt gesetzter Fragen können Sie das Verhalten des Kunden zu Ihrem Vorteil nutzen. Dabei geht es vor allem um den Bereich der *kognitiven Aktivierung*: Als Verkäufer machen Sie sich vorhandene Denkstrukturen des Käufers zunutze. Im Rahmen dessen machen Sie dem Käufer zwei Alternativangebote, wobei das von Ihnen präferierte zuletzt genannt wird. Der Käufer lehnt häufig das erste ab und nimmt das zweite Produkt. Der Verkäufer setzt somit das von ihm präferierte Produkt durch, ohne dass der Käufer dies wahrnimmt.

Verkaufspsychologie anwenden

Bei der Verkaufspsychologie steht die menschliche Informationsaufnahme und -verarbeitung im Mittelpunkt. Auch diese können Sie gezielt nutzen, um einen Verkaufsabschluss zu erzielen. Überlegen Sie, wie die Informationsaufnahme und -verarbeitung funktioniert und worauf der Kunde anspringt?

Das *Konzept der Hermeneutik* befasst sich mit der Informationsaufnahme. Nach diesem nimmt der Mensch neue Informationen nicht willkürlich auf, sondern integriert diese in die jeweiligen bereits vorhandenen

Voraannahmen. Je nach Informationsstand und Einstellung (ob richtig oder falsch ist dabei irrelevant) werden die Informationen in das bestehende Netz aufgenommen und kontextualisiert. Neben der Einbindung in die vorhandene Gedächtnisstruktur selektiert der Zuhörer gedanklich und nimmt nur die Informationen auf, die für das bereits vorhandene Schema relevant erscheinen. Bei der Ausgestaltung der Werbebotschaft müssen Sie also darauf achten, dass Sie den potenziellen Kunden individuell genau so ansprechen, dass dieser die Informationen nach Ihren Wünschen selektiert und insbesondere integriert. Berücksichtigen Sie außerdem, wie die Aktivierung des Kunden konkret erfolgt. Nur wenn Sie dessen Aufmerksamkeit gewinnen, ist dieser überhaupt dazu bereit, Ihre Botschaften aufzunehmen.

Die Aktivierung technischer Natur erfolgt emotional (über Schlüsselreize wie Liebe, Hass etc.), kognitiv (durch die Einbindung in gedankliche Schnittstellen, Weckung des Langzeitgedächtnisses) oder physisch (über Graphiken mittels Größe und Signalfarben).

Die Aktivierung inhaltlicher Natur ist nach den Ausführungen des Behaviorismus einfach gestrickt. Ein bekannter Reiz wird mit einem unbekannten mittels Suggestion verknüpft und ruft so die vom Auslöser gewünschte Reaktion hervor.

✱ Gut zu wissen!

Der Kognitivismus stellt die Aktivierung komplexer dar, ein Zuhörer verarbeitet danach die ihm dargebrachten Informationen je nach Vorgeschichte, Wissen und Einstellung. Das einfache Konzept des Behaviorismus hat in der Menschheitsgeschichte zwar schon mehrfach funktioniert, für die adäquate Ausgestaltung von Werbebotschaften empfiehlt es sich jedoch, eher nach dem Konzept des Kognitivismus vorzugehen.

► Tipps für ein gelungenes Verkaufsgespräch

Einige generelle Gesichtspunkte

Die Position ist wichtig | Sitzen Sie mit Ihrem Kunden gern am Tisch? Dann beachten Sie – wie schon erwähnt –, dass es einen Unterschied macht, wie Sie sitzen! Sitzen Sie einander gegenüber, vermittelt das eher den Eindruck, Sie beide seien Gegner. Sitzen Sie dagegen an einer Tischecke angewinkelt zueinander, suggerieren Sie Nähe und ein offeneres Umfeld. Die Chance auf ein Involvement ist höher!

Kontrollieren Sie Ihre Ausrüstung | Funktionierende und effiziente Ausrüstung ist essentiell. Ist Ihr Laptop oder Tablet leistungsschwach und langsam oder ist das

Bild Ihres Beamers unscharf eingestellt, zieht das Ihre Professionalität und Glaubwürdigkeit in Zweifel.

Jeder mag Geschenke | Ein Geschenk verschafft Ihnen Aufmerksamkeit und Sympathien. Greifen Sie hier nicht nur auf Werbebroschüren zurück. Erfolg kann auch ein Stück Kuchen oder Ähnliches versprechen, denn auch eine nette Geste sorgt für Involvement und eine größere Bereitschaft, sich auf Ihr Anliegen einzulassen. Übertreiben Sie es aber nicht damit, es sollte immer nur eine kleine Aufmerksamkeit sein.

Vorsicht in sozialen Gesprächsphasen | Sozialer Austausch ist gut und wichtig und gerade in den Pausen gern gesehen. Achten Sie dabei aber darauf, was Sie sagen. Ihr Geschäftspartner ist während der Gespräche nicht einfach eine andere Person. Alles, was sie also auch in den sozialen Phasen sagen, kann Gewicht haben. Ein Beispiel: Sie merken im Gespräch an, dass das Essen an Board Ihrer Billig-Airline eine Zumutung war. Die Information, dass Sie eine Billig-Airline genutzt haben, kann an Ihrem Prestige kratzen.

Kein Risiko eingehen | Meiden Sie Risiken, indem Sie heikle Themen wie politische Orientierungen und religiöse Ansichten nicht ansprechen. Diese Angelegenheiten können das Klima eines Geschäftsgesprächs beeinträchtigen.

Lächeln Sie | Sie wissen es ohnehin bereits. Allerdings schadet es nicht, es an dieser Stelle nochmals zu wiederholen: Ein freundliches Lächeln ist gut für die allgemeine Stimmung. Aber es besteht kein Grund für Sie, das gesamte Kundengespräch über durchzulächeln. Setzen Sie ihre Mimik vielmehr passend ein, aber übertreiben Sie es in keinem Fall. Spätestens dann, wenn Sie das Gefühl haben, dass Ihr Lächeln künstlich wirkt, ist es an der Zeit, damit aufzuhören.

✱ Beispieldialog

So beginnen Sie ein Kundengespräch richtig!

A: [mit Klienten B den Saal betretend] Guten Tag, Herr B. Ich hoffe, Sie hatten eine angenehme Anreise und haben gut hierher gefunden.

B: Ich danke Ihnen. Die Anreise verlief ohne Probleme und die X-GmbH bietet einen exzellenten Shuttle-Service. Man wartete schon auf mich.

A: Das ist schön zu hören. Darf ich Ihnen einen Kaffee anbieten? Wir verwenden Bohnen aus einer regionalen Rösterei. In dieser Gegend eine Spezialität.

B: Wenn Sie das sagen, da kann ich doch gar nicht widerstehen.

A: Kommt sofort, bitte setzen Sie sich. Milch und Zucker?

B: [sich setzend und seine Unterlagen ausbreitend] Bitte nur Milch, keinen Zucker.

A: [bringt ihm den Kaffee und setzt sich „über Eck“ (nicht gegenüber) zu B, dreht seinen Torso in Richtung Klient] Bitte, Ihr Kaffee.

B: Sehr freundlich.

A: Nun zum Tagesgeschäft. Man teilte mir mit ...

Die Verhandlung

Bereiten Sie sich geistig vor

Bei Ihrer geistigen Vorbereitung beginnen Sie mit der Zielsetzung. Es ist wichtig, dass Sie sich genau klarmachen,

- was Sie erreichen und
- wie Sie es erreichen wollen.

Wichtig ist in diesem Zusammenhang auch der Weg, den Sie einschlagen müssen, wenn Sie das Ziel noch nicht genau kennen. Dabei gilt: Setzen Sie Ihre Ziele hoch, aber trotzdem erreichbar an, das motiviert Sie. Überschätzen Sie sich dabei jedoch nicht, denn das wird Sie demotivieren.

*** Gut zu wissen!**

Stellen Sie grundsätzlich die wichtigsten Punkte an den Anfang einer Verhandlung.

Überlegungen, die Sie im Vorfeld einer *Verhandlung* machen sollten.

- Was wollen Sie mit dem Verhandlungsgespräch erreichen?
- Welches Ergebnis soll sich aus der Verhandlung ableiten: Was ist das Minimum und was das Maximum, das Sie erreichen wollen?
- Wie schätzen Sie Ihre eigene Position ein?
- Was können Sie sich zutrauen und wie weit reicht Ihr Kompetenzspielraum?
- Wie sieht Sie Ihr Gesprächspartner wirklich? (Mache ich mir nur etwas vor?)
- Welche Anforderungen werden an Sie gestellt?
- Wie wird Ihr Verhandlungspartner (Charakter-Typ) auftreten und wie wird Ihre Reaktion darauf sein?
- Gibt es potenzielle Konflikte, auf die Sie vorbereitet sein sollten? Und: Wo können Meinungen aufeinanderprallen?
- In Gruppen: Wer ist der schwierigste Verhandlungspartner in einer Gruppe von Entscheidern?
- Kennen Sie bereits von früher einige Verhandlungspartner der Gegenseite, mit denen Sie vorab einen guten Kontakt haben oder auch eine gewisse Sympathie hegen?
- Wer ist Ihr Gegenspieler und wo zeigt sich seine Gegenmacht (Ehefrau, Geschäftspartner etc.)?
- Welche Mittel benötigen Sie, um den Gegenspieler zu überzeugen?

- Auf welche Mittel können Sie zurückgreifen? Und: Wer kann Ihnen gegebenenfalls helfen?
- Welche Informationen sind für Sie wichtig und wo bzw. von wem können Sie sich diese Informationen beschaffen?

Schreiben Sie sich die wesentlichen Punkte auf, die Sie auch als roten Faden in Ihrem Verhandlungsgespräch verwenden können. Denken Sie aber daran: Bei Verhandlungen ist es nicht immer möglich, sein *Maximalziel* zu erreichen. Sie sollten also auch Alternativziele in der Hinterhand haben. Überprüfen Sie deswegen auch Ihre Vorbereitung auf Haupt- und Nebenziele und überlegen Sie sich *Zielprioritäten*.

✱ Gut zu wissen!

Legen Sie sich ein klares Konzept für Ihre Vorgehensweise zurecht. Es ist für eine sinnvolle Verhandlung unerlässlich, mögliche Reaktionen des Gesprächspartners im Voraus zu bedenken und die eigenen Positionen strukturiert darzulegen.

Im Rahmen der organisatorischen Vorbereitung sollten Sie die geeigneten Unterlagen wie Broschüren, Prospekte, Presseartikel, Referenzschreiben, Informationen über Konkurrenzbemühungen und visuelle Hilfsmittel zusammenstellen. Bereiten Sie für die Verhandlung falls notwendig auch Statistiken oder Marktanalysen vor. Senden Sie dem Gesprächspartner vor der Verhandlung Unterlagen zu, die zur sinnvollen Vorbereitung dienen. Denkbar sind hier z.B. eine Agenda, Verträge oder Arbeitsproben. Klären Sie auch frühzeitig den Ort und den Zeitpunkt der Verhandlung. Unter Umständen auftretende Störungen wie Telefonate sollten Sie vermeiden.

Das Festlegen der *Agenda* bzw. Verhandlungstagesordnung ist übrigens von großer Wichtigkeit. Akzeptieren Sie nicht einfach eine Tagesordnung vom Gesprächspartner, ohne die Konsequenzen zu bedenken. Prüfen Sie nach, ob wichtige Themen ausgelassen wurden.

Wichtige Punkte einer Agenda:

- Zweck und Art der Verhandlung
- Datum
- Umgebung (Raum, Bewirtung)
- Namen aller Gesprächspartner
- Bezeichnung der verschiedenen zuvor ausgetauschten Informationen
- Diskussionspunkte in Stichworten

Wichtige Punkte zur Vorbereitung einer Agenda

- Art des Gesprächspartners (Dienstleister, Lieferant, Privatkunde o.Ä.)
- Kompetenzen der Gesprächspartner
- Zielvorstellung beider Gesprächspartner
- Zur Verfügung stehende Präsentationsmittel (Beamer etc.)

- Unterlagen für jeden Gesprächspartner
- Beispiele, Referenzen
- Einflussfaktoren auf die Verhandlungsatmosphäre

Um den erfolgreichen Abschluss einer Verhandlung zu sichern, ist es bereits im Vorfeld der Verhandlung für Sie wichtig zu wissen, welche Punkte das Ergebnis beeinflussen können. Denken Sie z.B. nur an die folgenden Punkte:

- Umgebung (Besprechungsraum)
- Bewirtung des Verhandlungspartner
- Teilnehmer- und Personenkreis
- Wetter
- Tageszeit
- physische Konstitution beider Gesprächspartner
- Persönlichkeit beider Gesprächspartner
- Vorbereitung der Agenda (Gesprächsthemen)
- Überzeugungskraft der Verkaufsargumente
- Interesse an der Dienstleistung bzw. dem Produkt
- Fachkenntnis beider Gesprächspartner
- rhetorisches und psychologisches Verkaufsgeschick
- Zielsetzung des Gesprächs
- Konditionen bzgl. der Dienstleistung/Produkts

Wer fragt, der führt

Ein erfolgreicher Verkäufer zeichnet sich dadurch aus, dass er gute Fragen stellen kann. Denn mit gezielten Fragen können Sie die Gedanken des Verhandlungspartners in fast jede gewünschte Richtung lenken.

Die entscheidende Phase jeder Verhandlung ist die *Diagnosephase*, auch *Informationsphase* genannt. Sie besteht fast nur aus Fragen, um die Verhältnisse, Bedürfnisse, Meinungen, Ansichten und Probleme des Verhandlungspartners zu erkennen. Gerade diese Verhandlungsphase erfordert besondere Eleganz in der Gesprächsführung. Nur mit gezielten Fragen können Sie den wahren Bedarf ermitteln, erfahren Sie verborgene Ziele und Wünsche. Außerdem halten Sie Fragen davon ab, selbst allzu viel zu reden.

Versuchen Sie daher als Gesprächspartner möglichst die Verhandlung zu *leiten*, um einen besseren Überblick über die Richtung der Verhandlung zu haben. Um Ihre Vorstellungen gut durchsetzen zu können, müssen Sie stets darauf achten, dass Sie der aktive und nicht nur der reagierende Part in der Verhandlung bleiben. So können Sie geschickt das Ergebnis beeinflussen und zu Ihren Gunsten entscheiden. Eine Frage ist immer besser als eine Aussage, denn sie führt beim Gesprächspartner zum Nachdenken: „Die einen sagen, was sie wissen, die anderen wissen, was sie sagen (bzw. fragen).“

✱ Gut zu wissen!

Besser als eine Behauptung ist immer eine Frage! Warum? Wer eine Behauptung aufstellt, fördert den Widerspruch seines Gesprächspartners. Kontrollieren Sie durch Selbstkontrolle und Kontrolle des Partners die verschiedenen Phasen des Gesprächs durch gezielte Fragen. Gezielte Fragen steuern das Gespräch in die gewünschte Richtung und können den Gesprächsverlauf auch entscheidend bestimmen. Durch ständiges Fragen wird Ihr Gesprächspartner immer wieder aktiviert und damit zum Denken angeregt und er verliert nicht das Interesse am Gespräch.

Durch Fragen geben Sie Ihrem Gegenüber das Gefühl, um Rat gefragt zu werden, und jeder Mensch liebt diese Situation, fühlt sich geehrt und drückt bereitwillig seine Meinung aus. Durch Fragen geben Sie dem Partner nie das Gefühl, von Ihnen überredet zu werden und Ihnen dabei unterlegen zu sein. Denken Sie auch immer daran, dass positiv formulierte Fragestellungen auch zu positivem Denken und zu positiven Aussagen führen. Durch Fragen können die Motive, Einwände und Wünsche Ihres Gesprächspartners schneller sichtbar werden.

Die häufigsten Verhandlungsfehler im Vertrieb

Verhandlungspartner vergeben nicht an jeden Aufträge und arbeiten auch nicht mit jedem zusammen. Daher kommt es insbesondere auf Ihre Persönlichkeit und Ihr Verhandlungsgeschick an. Vermeiden Sie folgende Fehler in Verhandlungen.

- Überschütten Sie den Kunden nicht mit Argumenten, sondern *fragen* Sie stattdessen genau nach seinen Wünschen.
- Versuchen Sie nicht, dem Kunden in langen Monologen etwas aufzuschwatzen, was er eigentlich gar nicht möchte.
- Langweilen Sie den Kunden nicht mit nichtssagenden Phrasen, verwenden Sie vielmehr klare Fakten.
- Reden Sie nicht *ich*-orientiert, sondern stärken Sie das *Wir*-Gefühl und die Partnerschaft mit dem Kunden.
- Vergeuden Sie niemals die wertvolle Zeit Ihres Kunden, indem Sie die Konkurrenz schlechtmachen. Dies wirkt auf Ihren Kunden negativ.
- Stellen Sie nie Ihr eigenes Wissen arrogant heraus und verwirren Sie Ihren Kunden nicht mit Fachchinesisch.
- Lassen Sie sich auf keinen Fall von sogenannten *Killereinwänden* Ihres Kunden, wie „kein Interesse“ oder „zu teuer“, abschrecken.

- Benutzen Sie nicht unnötig sogenannte Anti-Abschlusswörter, wie z.B. „Schwierigkeiten".
- Verwenden Sie das Wort „Rabatte" unbedingt vorsichtig.
- Beginnen Sie bei Neukunden die Akquise zunächst mit einfachen Dienstleistungen bzw. Produkten, nicht mit komplexen.
- Sollten Ihre Dienstleistungen und Produkte zu einer *Personaleinsparung* durch *Auslagerung* oder *Rationalisierung* führen, verwenden Sie dieses Argument nur gezielt und nicht pauschal.
- Und: Argumentieren Sie niemals am Kunden und dessen Anforderungen vorbei.

✱ Gut zu wissen!

Machen Sie die Verwendung der Begriffe Personaleinsparung, Auslagerung und Rationalisierung vom Gesprächspartner abhängig. Ist er Geschäftsführer, werden diese Schlagworte sein Interesse wecken. In diesem Zusammenhang bietet sich auch der Begriff *Lean Management* an. Darunter versteht man ein ganzes Bündel von Maßnahmen, die alle der Rationalisierung eines Unternehmens dienen. Eine wichtige Maßnahme ist dabei die Auslagerung vieler Nebentätigkeiten (das *Outsourcing*), um unabhängiger zu sein und um den Verwaltungsaufwand zu reduzieren. Das bedingt jedoch, dass in vielen Abteilungen Personal abgebaut wird.

Fragetypen, die Sie im Berufsleben kennen müssen

Die offene Frage – die W-Fragen

Wenn Sie die Wünsche und Ansichten des Kunden kennenlernen wollen, müssen Sie offene Fragen stellen. Sie veranlassen den Gesprächspartner dadurch, aus sich herauszugehen, seine Meinung zu äußern und mehr Informationen preiszugeben. Diese ausführlicheren Antworten bringen Sie im Gespräch weiter.

> ✱ Gut zu wissen!
>
> Denken Sie also daran, jeder Kunde gibt Ihnen auf eine *offene Frage* so viele Informationen, wie auf drei geschlossene.

Offene Fragen beginnen mit den *W-Fragewörtern*

- wer,
- wie,
- wo,
- was,
- wann oder
- warum.

Geschlossene Fragen beginnen hingegen häufig mit einem Verb – etwa „möchten Sie …“ oder „kennen Sie …“. Diese Fragen animieren Ihren Gesprächspartner oft nur zu kurzen Antworten, im Extremfall sogar nur zu „ja“ oder „nein“. Neuigkeiten werden Sie so kaum erfahren. Allerdings sind geschlossene Fragen richtig, wenn man beispielsweise technische Details, z.B. Maße oder Größen, erfragen muss. Hier führen sie häufig schneller ans Ziel als offene Fragen.

Die Meinungsfrage

Durch Meinungsfragen bringen Sie die subjektive Einstellung Ihres Gesprächspartners zu einem bestimmten Thema in Erfahrung. Beispiele:

- „Was halten Sie von der Globalisierung?“ oder
- „Sind Sie für die Wiedereinführung hoher Importzölle?“

Die Alternativfrage

Diese Art der Fragestellung bietet Ihrem Gesprächspartner nur zwei Antwortmöglichkeiten. Sie stellen diese so, dass Ihr Gesprächspartner nur aus Ihren Alternativen heraus antworten kann, er sich also entscheiden muss. Beispiele:

- „Möchten Sie die Geschäftsreise mit dem Flugzeug oder lieber mit der Bahn machen?“
- „Möchten Sie das Produkt in der Farbe Gelb oder doch lieber in Rot kaufen?“

Die Alternativfrage ist meist in der Abschlussphase einer Verhandlung in Form einer *Entscheidungsfrage* von Bedeutung. Damit können Sie das Gespräch zügig zum Ende treiben. Vermeiden Sie allerdings unbedingt zu Beginn des Gesprächs Entscheidungsfragen zu stellen, denn die Alternativfrage engt den weiteren Verlauf des Gesprächs ganz entscheidend ein! Daher stellen Sie die Entscheidungsphase erst dann, wenn Sie mit dem Kunden alles besprochen haben, was für Sie wichtig und relevant ist.

Die Mehrfachauswahlfrage

Diese Art der Fragestellung ist eine Erweiterungsart der Alternativfrage. Sie geben Ihrem Gesprächspartner eine bestimmte Anzahl von Antwortmöglichkeiten. Die Anzahl der Antwortmöglichkeiten können Sie theoretisch bis ins unendliche treiben. Beispiele:

- „Möchten Sie das Produkt in rot, gelb, grün (drei Antwort- bzw.), blau oder lila (fünf Antwortmöglichkeiten) haben?“
- „Hat es heute Morgen bei Ihnen geregnet, geschneit oder gehagelt (drei Antwortmöglichkeiten)?“

Die Suggestivfrage

Durch diese Fragestellung legen Sie dem Befragten die gewünschte Antwort bereits vorab in den Mund. Suggestivfragen stellen Sie, um Übereinstimmung mit dem Kunden zu signalisieren oder um seine Entscheidung zu beschleunigen. Verbinden Sie mehrere Fragen, von denen Sie wissen, dass der Gefragte sie mit „ja“ beantwortet, mit Ihrer eigentlichen Hauptfrage. In den meisten Fällen sind die Befragten dann schon so positiv eingestellt, dass sie überzeugt sind, auch die entscheidende Frage wahrheitsgemäß zu beantworten. Beispiele:

- Suggestivfrage 1:
  „Wollen Sie mehr Umsatz erzielen?“
- Suggestivfrage 2:
  „Wollen Sie Zeit sparen?“
- Suggestivfrage 3:
  „Wollen Sie Kosten einsparen?“
- Hauptfrage:
  „Darf ich Ihnen dann kurz unser Angebot vorstellen?“

Die Informationsfrage

Die Informationsfrage, auch Sachfrage genannt, dient der sachlichen Abklärung der Verhältnisse über z.B. Personalbedarf, (erwartete) Umsatz(-entwicklung), Stammkunden etc. Durch diese Art der Fragestellung ermitteln Sie konkrete Sachverhalte.

- „Wie alt sind Sie?“
- „Wann haben wir das letzte Mal mit Ihnen zusammengearbeitet?“

Die Präzisionsfrage

Informationen können Sie auch über eine Präzisionsfrage erhalten.

- „Was verstehen Sie unter zu teuer/zu billig?“

Die rhetorische Frage

Diese Art der Frage ist im Prinzip nicht als Frage zu bezeichnen. Es handelt sich hierbei vielmehr um eine Feststellung im Gespräch. Sie ist ein Stilmittel, bei dem der Befragte keine Antwort gibt. Als Fragesteller nehmen Sie die Antwort bereits vorweg. Die rhetorische Frage belebt das Gespräch und schafft eine positive Atmosphäre.

Beispiel 1 (als rhetorische Frage formuliert):

- „Möchten Sie eigentlich befördert werden und mehr Geld verdienen?"

Beispiel 2 (als rhetorische Frage kaum zu erkennen):

- „Mir ist klar, dass Sie die Farbe Rot der Gelben vorziehen!" oder
- „Um Ihrer Meinung zu folgen, sehe ich es als erwiesen an, dass…!"

Die Gegenfrage

Diese Art der Frage wird häufig auch als unhöflich wahrgenommen, da Sie selbst einer Antwort ausweichen und die Initiative zurückgewinnen. Es ist in der Regel leichter zu fragen als zu antworten. Ob höflich oder unhöflich – richtig ist, was den gewünschten Erfolg bringt. Warum also keine Frage mit einer Gegenfrage beantworten? Häufig können Sie diese geschickt verpacken, indem Sie sich vorher dafür entschuldigen und doch die Gegenfrage stellen.

- „Ich weiß, dass Sie es als unhöflich ansehen werden, aber in diesem Falle muss ich Ihnen die Gegenfrage stellen!“
- „Können Sie diese Leistung wirklich erbringen?“
- Gegenfrage: „Warum zweifeln Sie daran?“

Die reflektierende Frage

Diese Art der Frage verwenden Sie dazu, um die bereits gemachte Aussage nochmals zu wiederholen, um einerseits zu kontrollieren, ob Sie alles richtig und vollständig verstanden haben, und um andererseits die Aussage zu bestätigen und durch die Wiederholung sogar zu bekräftigen. Häufig wird die reflektierende Frage jedoch als tückische Frage angewendet, um während der Wiederholung mit den eigenen Worten Nuancen zu verändern und die Aussage für sich günstiger zu formulieren. Sie wiederholen sinngemäß die Aussage des Gesprächspartners und zielen darauf ab, ihn zu veranlassen, seine Antwort zu überdenken und evtl. zu korrigieren. Achten Sie bei Gesprächspartnern, die die reflektierende Frage einsetzen, ganz besonders auf den Inhalt der Aussage. Kleine Abweichungen können hierbei fatale Wirkungen haben.

- „Wenn ich Sie richtig verstanden habe, dann möchten Sie...?“ oder
- „Habe ich Sie richtig verstanden, wenn ich behaupte, dass Sie...?“

Die Kontrollfrage

Mit dieser Frage überprüfen Sie die Übereinstimmung zwischen dem Fragenden und dem Befragten. Sie können sich mit der Kontrollfrage nochmals genau vergewissern, ob Sie alles Gesagte auch richtig verstanden haben.

- „Stimmt das so?“
- „Ist das in Ihrem Sinne?“

...und deren Technik Sie beherrschen sollten!

Auf den Busch klopfen

Sofern Einwände etwas pauschal oder unklar formuliert werden, bitten Sie den Kunden mit themenspezifischen Fragen um präzisere Angaben.

Gegenfrage und Information

„Kommt denn dieser Fall in Ihrer Praxis häufig vor oder ist er eher selten? Dann nämlich...“

Umformung in eine Frage

Als Verkäufer sagen Sie, dass der Kunde sich wohl folgende Frage vorstelle, und geben im Anschluss sofort die passende, selbstformulierte Antwort darauf.

Ergänzung der Information

Sie danken dem Kunden für seine Frage und sagen: „Ich habe sowieso noch ergänzen wollen, dass..“

Alternativvorschlag

Als Verkäufer weisen Sie darauf hin, dass es natürlich noch andere Produktausführungen oder Vorgehensweisen gibt, konkret z.B. ...

Rechtgeben und Nachteile durch Vorteile zudecken

„Sie haben vollkommen recht, dass..., aber andererseits sind ja auch ganz wesentliche Vorteile gegeben, z.B. 1. und 2. ...“

„Gerade darum“-Technik

„Es stimmt absolut und gerade darum ist konstruktiv diese Schikane eingebaut worden, die nun...“

Umkehr-Methode

„Ich begreife Ihre Überlegung, aber umgekehrt ist es doch ein besonderer Vorteil, wenn...“

Nachteil-Vorteil-Bilanz

Auf ein Notizblatt notieren Sie links die Nachteile und rechts die Vorteile, die in ihrer Zahl natürlich überwiegen müssten.

Demonstrationsbeweis

„Sicher hätten Sie sich gerne durch eine praktische Demonstration vom großen Nutzen dieser Anlage überzeugt."

Versuchsvorschlag

„Am besten für Sie wäre es wohl, wenn wir Ihnen Gelegenheit geben könnten, dieses neue Produkt z.B. eine Woche lang auszuprobieren. Das tun wir gerne."

Wirtschaftlichkeitsberechnung

„Ihre Frage nach der Rentabilität einer solchen Anschaffung ist berechtigt: Am besten rechnen wir diese einmal gemeinsam durch folgende Kalkulation miteinander aus."

„Das war einmal"-Methode

„Sie haben recht, dieser Nachteil existierte tatsächlich früher – nun ist aber inzwischen..."

Abschwächungsmethode

„Das ist zwar in gewissen, äußerst seltenen Fällen ein Nachteil, aber man kann dieser Gefahr dadurch vorbeugen, dass..."

Starke Referenzen

„Sie stellen mit Recht die Frage nach der Bewährung dieses Fabrikats – und da kann ich Ihnen sagen, dass z.B. die Firma A und die Firma B als prominente Kunden schon seit geraumer Zeit unser Produkt einsetzen bzw. unsere Dienstleistungen nutzen. Sie sind davon alle sehr begeistert. Sie können diese Firmen gerne befragen und das Urteil wird Ihnen bestätigt werden."

Vergleichstechnik

„Ich darf vergleichsweise darauf hinweisen, dass Kunden wie Firma A damit hochzufrieden sind und so ist doch eindeutig klar, dass..."

Kompromissvorschlag

„Was hielten Sie davon, Herr B, wenn wir Ihnen insofern entgegenkommen, dass..."

Antwort-Verschiebung

„Darf ich diese Frage von Ihnen etwas später beantworten, wenn wir noch spezifisch anwendungstechnische Besonderheiten diskutieren."

✱ Gut zu wissen!

Am besten gelingt die praktische Umsetzung dieser Techniken, wenn Sie einmal die Einwände – welche seitens Ihrer Kunden erhoben werden könnten – auf eine Liste notieren und anschließend prüfen, welche davon mit welcher der 18 oben genannten Methoden am besten beantwortet werden können. So beweisen Sie sich nicht nur die Brauchbarkeit dieser Techniken, sondern Sie üben sich gleichzeitig im variantenreichen Widerlegen von Einwänden, wie sie in Ihrer eigenen Praxis vorkommen.

Lassen Sie den Verhandlungspartner das erste Zugeständnis in einer wichtigen Angelegenheit machen, während Sie selbst bei weniger wichtigen Punkten nachgeben, um dem Partner dadurch zu Erfolgserlebnissen zu verhelfen.

Führen Sie eine Kundenliste: Zum einen setzt sich – wie schon festgestellt – der Name durch das Notieren und Übertragen in die Kundenkartei besser fest, zum anderen haben Sie die Chance – betritt der Kunde wieder das Büro bzw. Geschäft – durch einen schnellen Blick auf die Liste, den Namen wieder abzurufen. Dazu muss die Liste natürlich auch in Ihrer Sichtweite sein.

Literatur

Brau, Roman: Die Macht der Rhetorik. Besser reden – mehr erreichen. Piper Verlag, 2009.

Bredemeier, Karsten: Provokative Rhetorik? Schlagfertigkeit. Orell Fuessli, 2007.

Ebeling, Peter: Rhetorik – Der Weg zum Erfolg. Humboldt – TB, 2005.

Enkelmann, Nikolaus: Die Sprache des Erfolgs. Rhetorik und Persönlichkeit. Linde, Wien, 2007.

Fey, Gudrun: Selbstsicher reden. Selbstbewusst handeln. Rhetorik für Frauen. Walhalla Fachverlag, 2010.

Frank, Milo O.: Wie Sie in einer halben Minute ihren Standpunkt vertreten. Das 30 Sekunden-System, MVG, 1998.

Gast, Wolfgang: Juristische Rhetorik. C.F.Müller. Heidelberg, 2015.

Haberkorn, Kurt: 256 Tipps für erfolgreiche Redner: Wer gut reden kann, hat auch Erfolg. Expert Verlag, 2016.

Hartmann, Martin: Präsentieren, Präsentation: zielgerichtet und adressatenorientiert. Beltz, 2012.

Kricsfalussy, Andreas: Format und Inhalt. Wirtschaftsverlag Bachem, 2001.

Pawlowski, Klaus: Konstruktiv Gespräche führen: Fähigkeiten aktivieren, Ziele verfolgen, Lösungen finden. Rheinhardt, 2005.

Ruhleder, Rolf H.: Rhetorik & Dialektik. Redegewandtheit, Körpersprache, Überzeugungskunst. Vahlen, 2016.

Schmitt, Rainer: Immer richtig miteinander reden. Transaktionsanalyse in Beruf und Alltag. Junfermann, 2016.

Schulz-Medow, Evelyn: Nehmen Sie kein Blatt vor den Mund. Ein Redekurs für Frauen. Rororo, 1999.

Vogel, Ingo: So reden Sie sich an die Spitze: Sprache als Erfolgsinstrument. Ullstein, 2006.

von Trotha, Thilo: Reden professionell vorbereiten: So gewinnen Sie Ihre Zuhörer. Walhalla Fachverlag, 2010.

Weidenmann, Bernd: Gesprächs- und Vortragstechnik: für alle Trainer, Lehrer, Kursleiter und Dozenten. Beltz, 2006.

Wieke, Thomas: Dumonts Handbuch Rhetorik: mit Musterreden für jeden Anlass. Dörfler, 2004.

Als CD:

Fisher, Roger; Ury, William; Patton, Bruce: Das Harvard-Konzept: der Klassiker der Verhandlungstechnik. 2 CDs. Sachgerecht verhandeln – erfolgreich verhandeln, Campus, 2013.

Püttjer, Christian; Schnierda, Uwe: Reden ohne Angst: Souverän auftreten und vortragen. 2 Audio-CDs, Campus, 2012.

Index

4

A

B

C

D

H

I

K

L

M

N

O

P

R

S

T

U